외계지성체의 방문과 인류종말의 문제에 관하여

외계지성체의 방문과 인류종말의 문제에 관하여

1판 1쇄 인쇄 2015. 7. 3.
1판 1쇄 발행 2015. 7. 10.

지은이 최준식 · 지영해

발행인 김강유
책임 편집 김윤경
책임 디자인 안희정
사진 이종문
마케팅 김용환, 김재연, 박치우, 백선미, 김새로미, 고은미, 이헌영, 정성준
홍보 고우리, 박은경, 함근아
제작 김주용, 박상현
제작처 재원프린팅, 금성엘엔에스, 정문바인텍

발행처 김영사
등록 1979년 5월 17일(제406-2003-036호)
주소 경기도 파주시 문발로 197(문발동) 우편번호 413-120
전화 마케팅부 031)955-3100, 편집부 031)955-3250
팩스 031)955-3111

값은 뒤표지에 있습니다.
ISBN 978-89-349-7157-3 03400

독자 의견 전화 031)955-3200
홈페이지 www.gimmyoung.com 카페 cafe.naver.com/gimmyoung
페이스북 facebook.com/gybooks 이메일 bestbook@gimmyoung.com

좋은 독자가 좋은 책을 만듭니다.
김영사는 독자 여러분의 의견에 항상 귀 기울이고 있습니다.

외계지성체의 방문과 인류종말의 문제에 관하여

대답 없는 우주에 대답을 던지는 두 지성 간의 대화

최준식 × 지영해

김영사

×
×
×
×
×

우리가 사는 세계와 현상을 바라보고 설명하는 과학적 패러다임을 송두리째 뒤엎는 두 지성 간의 대담하고도 도발적인 대화. UFO 문제는 결국 인간이 아닌 다른 앞선 문명이 우리를 찾아오고 있는가 하는 질문이다. 소름이 끼쳤다. 이 책은 인간의 오만에 대한 엄중한 경고다.

| **김진명** 소설가

이 세상에는 세 종류의 사람이 있다. 보지 않고도 믿는 사람, 본 후에야 믿는 사람, 보고도 못 믿는 사람! 이 책은 첫 번째 부류가 될 것을 강요하지 않는다. 다만 지식의 관성에 안주하여 세 번째 부류가 되는 것을 경계하고 있을 뿐이다.

| **박병철** 대진대학교 물리학과 교수, 《평행우주》《멀티 유니버스》 번역가

UFO 문제는 연구한 지 30년이 다 되어가는데 여전히 나에겐 풀리지 않는 미스터리로 남아있다. 자연과학뿐 아니라 신학, 종교학, 인류학, 민속학 등이 총동원되어야 이 미스터리를 풀 수 있을 것이다. 이 방면의 두 석학이 나눈 대화에서 무엇보다도 진실에 가까울지 모를 인류 역사의 이면에 대한 깊은 통찰력을 보았다. 대한민국 사회와 지식인은 이 책을 주목해야 한다.

| **맹성렬** 우석대학교 전자공학과 교수, 《UFO 신드롬》 저자

대답 없는 우주에 대답을 대신 던지는 두 지성 간의 대화는 미지와의 조우, 새로운 세계에 대한 상상력을 자극한다. 결국 인간 자신에 대한 퍼즐을 풀어가는 책이다.

| **윤석호** 윤스칼라 감독, 〈가을동화〉〈겨울연가〉 피디

위대한 생각들은 대화록을 통해 세상에 공유되었다. 플라톤의 《대화》와 갈릴레오의 《대화》가 그랬다. 플라톤이나 갈릴레오는 상상도 못했던 이 혁명적인 '대화'는 외계와의 접촉이 명백한 실재라는 것을 보여주면서 우리 시대를 송두리째 바꿔놓을 것이다. 외계와의 접촉은 인류에게 득이 될 것인가, 해가 될 것인가? 최준식 교수는 도움이 될 것이라 판단하는 반면에 지영해 교수는 반드시 그렇지만은 않을 것이라 판단한다. 최 교수는 외계의 방문이 인류를 고차원의 발전된 수준으로 이끌 것이라 말하고, 지 교수는 그들이 지구를 구하기 위해 오지만 결국은 자신들을 위해 올 것이라 말한다. 두 교수는 이 문제를 중심으로 관련된 모든 측면을 탐구하고 있다. 독자들도 빠른 시일 안에 이 문제에 대해 입장을 정해야 할 것이다. 하루라도 빨리 이 문제를 들여다볼수록 유리해질 것이다. 그 시작이 이 책을 읽는 것이다.

| **돈 돈데리** 몬트리올 맥길대학교 교수

불편하지만 거부할 수 없는 진실인 이 세계적 현상을 심도 깊게 파헤친 최 교수와 지 교수에게 진심으로 지지를 표한다. 외계인의 지구인 피랍에 대한 첫 한국어 책 출간은 기념비적인 일이다. 이 책을 통해 앞으로 대중과 함께 더 폭넓고 열린 대화를 할 수 있기를 바란다.

| **숀 알렌** 영국인 피랍 경험자

UFO와 외계인 그리고 그들이 지구에 미치는 영향이라는 이 특이한 주제를 놓고 두 학자가 벌인 학술적인 토론은 아주 신선하고 놀랄만한 연구를 담고 있다. 대부분의 학자들은 자기의 명성에 해가 올까 두려워 이 주제에 대해 말하기를 꺼린다. 이에 아랑곳 하지 않고 여기 두 사람은 주제의 무게에 걸맞은 아주 심오한 해석들을 펼쳐나갔다. 학문의 자유를 사랑하고 UFO 현상을 심각하게 취급하는 다른 모든 사람들과 함께 이 두 지성의 용기에 마음으로부터 커다란 박수를 보낸다.

| **데이비드 제이컵스** 미국 템플대학교 역사학과 교수

어린 시절 호기심에서 비롯된 많은 의심거리들이 세월을 통해 거의 다 해결되었지만, 단 하나 UFO에 대한 목마름은 여전하다. 이 책은 나와 같은 생각을 하는 사람들에겐 사막의 오아시스가 될 것이다.

| **남궁옥분** 가수, UFO 목격자

차례

×
×
×
×
×

최준식

우리의 연구는 UFO에 대해서만 이루어진 것이 아니라 결국은 인간 자신과 인간의 미래에 대한 것입니다. 우리가 이 책을 내는 이유는, UFO에 대해 보다 정확하게 알리려는 의도도 있었지만 더 큰 문제는 인류의 미래에 대한 것입니다. 결코 낙관적으로 볼 수 없는 우리의 미래에 대해 독자들과 함께 진심으로 심각하게 생각해보고 싶었습니다.

지영해

정말 외계인들이 UFO를 타고 우리에게 오고 있느냐, 혹은 외계인이 정말 인간을 납치하여 혼혈종을 만들고 있느냐 하는 문제는 어떤 사건이 정말 일어나고 있느냐 하는 단순한 질문이 아닙니다. 세계를 보는 패러다임의 문제입니다. 기존의 패러다임으로 설명이 안 되는 현상들이 너무 많을 때, 또 지속적으로 반복될 때는 기존의 패러다임을 다시 살펴봐야 합니다.

최준식
×
지영해
×
×
×
×
×
×
×
×
×
×
×

서문

학계 최초의 프로젝트

참으로 희한한 일이 일어났다. 종교학을 전공한 사람(최준식)과 신학을 전공한 사람(지영해)이 UFO에 대해 책을 썼으니 말이다. UFO에 대한 것은, 잘 알려진 것처럼 이른바 제도권에 속한 사람들이 관심 갖는 주제가 아니다. 나나 지영해 교수나 멀쩡하게 대학에 전임교원으로 있으니 제도권 인사라고 하지 않을 수 없다. 우리처럼 대학에 적을 두고 있으면서 UFO를 연구하고 관심 갖는 사람은 찾아보기 힘들다.

아니 제도권이든 비제도권이든 UFO를 연구하는 한국인은 거의 없다. 굳이 찾는다면 UFO조사분석센터의 소장인 서종한 씨 정도가 있다. 이렇게 우리나라에서는 UFO에 대한 연구가 미진한데 학계에서 제대로 된 연구를 하는 딱 한 사람의 예외가 있으니, 우석대의 맹성렬 교수가 그다. 맹 교수는 서울대를 나오고 영국 케임브리지대학에서 박사를 했으니 한국에서는 가장 좋은 학력의 소유자라고 할 수 있다. 그런 사람이 UFO 연구에 매진하고 있는 것이다. 나와 지영해 교수가 만날 수 있었던 것도 맹 교수가 다리를 놓아준 덕분이었다.

제도권 인사들이 UFO에 대해 관심을 갖지 않는 것은 충분히 이해할 만하다. 세간의 잣대에 따르면, '교수'처럼 자신이 지식인이라고 생각하는 사람들은 UFO 현상 같은 '유사類似, pseudo 과학적 현상'에 관심을 가져서는 안 된다. UFO나 심령현상, 소위 유체이탈 등의 주제들은 덜떨어진 사람들이나 관심 갖는 미신적인 이야기라고 생각한다. 더군다나 외계인에 의한 피랍 사건까지 나오면 이들은 고개를 절레절레 흔든다. 그리고 과학적 사고로 무장한 자신들은 하드hard한 사회과학 혹은 자연과학적인 데에만 관심을 가질 것이라고 스스로 다짐한다. 더 나아가서 UFO에 대한 연구 가지고는 어디서든 기금을 따낼 수 없다는 것도 그들로 하여금 UFO 현상 연구를 기피하게 만드는 큰 원인이 된다. 그렇지 않겠는가? 우리나라의 어떤 기관이 UFO를 연구하는 사람에게 지원을 하겠는가? 그러니 아예 관심을 갖지 않는 것이다.

그런데 과연 이 UFO 현상이 그렇게 녹록할까? 그런 현상이 없다고 이대로 외면해도 될까? 답은 '아니다'이다. 20세기 말 이후로 분명 우리 주위, 아니 전세계적으로 UFO로 추정되는 물체들이 이처럼 빈번하게 나타나고 있지 않은가? 'UFO 헌터'라 자칭하는 허준 씨가 광화문 등지에서 찍은 UFO 동영상 자료가 하나둘이 아니다.* 그리고 본문에도 나오지만 1995년 가을에 〈문화일보〉 김선규 기자가 찍은 UFO 사진은 어찌할 건가?* 이 사진은 전세계 UFO 연구계에서 크게 주목받는 사진이라고 한다. 그런가 하면 1994년 짐바브웨에서 초등학교 학생 60여 명이 두 대의 UFO를 목격하고 두 명의 외계인을 보았다고 한 사건은 어떻게 설명할 수 있을까? 이 사건들은 본문에서 자세하게 다룰 것이다. 전세계 방방곡곡에서 이런 현상들이 계속해서 쏟아져나오는데 이것을 모두 환상이라고 치부하고 관심을 갖지 않는다면 이런 태도야말로 비학문적이고 비상식적인 것 아닌가? 자신이 지성인이라면 UFO 현상을 연구하지는 않더라도 적어도 그런 현상이 무엇인지 알려고는 해야 하는 것 아니겠는가?

이것은 지영해 교수의 세부 전공인 '외계인의 지구인 피랍 사건'의 경우도 그렇다. 분명히 이 외계인에 의한 지구인 피랍 사건은 허무맹랑하게 보이는 면이 있다. 침대에서 자고 있는데 외계

● 허준 씨가 촬영한 UFO 동영상 중 대표적인 것으로 2011년 개천절에 광화문 상공에 떼를 지어 나타난 UFO 군단을 꼽을 수 있다. MBC 기자가 서울시나 경찰청 등에 풍선이나 기구 등을 띄우는 행사가 있었는지 문의했으나 그런 행사는 없었음이 확인되었다. 무엇보다도 UFO 상호 간에 눈에 띄게 빠른 움직임이 포착되어 자체 동력원을 가진 비행체임을 알 수 있다. 청와대 상공에서도 미확인비행물체가 나타나 공중파 방송에 보도되었으나 그 정체에 대한 정부 부처의 코멘트는 없었다. 배주환, 2011, 광화문 상공에 UFO? 3번 모두 같은 사람이 촬영, MBC 뉴스데스크(2011. 10. 6.) http://imnews.imbc.com//replay/2011/nwdesk/article/2939695_13062.html

★ 1995년 9월 4일 촬영된 UFO 사진은 추석 테마 스케치를 나간 김선규 기자가 노부부의 일상을 촬영하던 중에 우연히 찍혔다. KBS 일요스페셜팀이 그 사진의 원본을 영국 런던 근교의 코닥연구소에 가져가 검사를 받았는데, 필름 자체의 결함이 아닌 것으로 판명되었다. 이 사진이 찍혔던 시기를 전후해서 여러 개로 분열되어 날아가는 UFO의 동영상이 찍혔고, 공군 조종사 훈련 교관이 훈련비행 중 UFO를 목격하는 사건이 발생했다.

인들이 벽을 뚫고 들어와 본인을 납치했다는 주장은 아무리 들어도 사실처럼 들리지 않는다. 어떤 경우에는 피랍자의 몸이 둥둥 떠서 외계 비행선으로 빨려들어갔고 그것을 수많은 사람이 목격한 예도 있었다. 이런 것을 성한 정신을 가지고 어떻게 믿을 수 있겠는가? 본문에서 자세하게 설명하고 있지만 UFO와 관련된 이야기들의 진짜 사정은 이보다 더 심하다. 외계인들이 지구인들을 대상으로 생체실험을 하고 유전자 조작을 해서 외계인과 지구인의 혼혈종을 만든다는 이야기까지 나오고 있으니 말이다. 이 모든 사례들을 미신이나 환상 혹은 헛소리라고 해버리면 간단한데, 사안이 그렇게 간단하지 않다는 데에 이 문제의 엄중함이 있다.

우리가 이 외계인의 지구인 피랍 사건과 관련된 사례들을 단번에 무시할 수 없는 데에는 나름대로의 이유가 있다. 이 피랍자들의 증언이 큰 틀에서는 일치하기 때문이다. 그것도 한두 사람이 그랬다면 환상이라고 해도 달리 할 말이 없지만 수천수만이나 되는 사람들이 피랍 경험에 대해 아주 유사한 증언을 하고 있다. 그러니 무턱대고 이들의 말을 무시할 수가 없는 것이다. 물론 그들의 증언 가운데에는 허구가 적지 않게 있다. 그렇다고 해서 모두가 다 허구는 아니다. 따라서 적어도 우리는 이들의 귀중한 증언이 무엇을 말하려고 하는지 따져보아야 한다. 그게 상식적인 태도이지, 일방적으로 무시하는 것은 직무유기에 해당한다. 특히 배웠다는 사람들이 이 주제에 더 관심을 가져야 할 것이다.

*

이번에는 우리가 이 책을 쓰게 된 배경을 설명해야겠다. 나는 어려서부터 UFO에 많은 관심을 가져왔다. 그러나 그게 지영해 교수나 맹성렬 교수처럼 전문적인 연구는 아니었고 그저 국내에 나와 있는 문헌들 중심으로 귀동냥하는 정도였다. 마음 한편으로는 이 기이한 현상을 정리해보아야겠다는 생각이 늘 있었는데 내 실력으로는 어림도 없는 일이었다. 그러다 이 일을 더 이상 미룰 수 없다는 결정을 하게 만든 사건이 있었다.

2007년에 월터 하우트Walter Haut라는 미국인의 유언장이 공개된 사건이 있었다. 나는 그 일에 큰 충격을 받았다. 이 사람은 원래 2005년에 사망했는데 2년 뒤에 유언장을 공개해달라는 부탁에 따라 2007년에 그 내용이 세상에 알려진 것이다. 하우트는 그 유명한 로스웰 사건Roswell UFO incident에 대한 보도자료를 만든 사람으로, 당시에는 장교로 근무하고 있었다.● 이 유언장에는 자신이 로스웰에 추락한 UFO와 외계인의 사체를 목격했다고 적혀

● 1947년 7월 8일 아침, 미국 뉴멕시코주 로스웰 육군 비행장에서 추락한 UFO 잔해를 회수했다는 보도가 있었다. 이와 관련된 부대가 당시 세계 유일의 원자폭탄 취급 부대였던 509전폭단이었기에 이 보도는 삽시간에 전세계 사람들의 주목을 받았다. 군 당국에서는 사태의 심각성을 깨닫고 대대적인 기자회견을 통해 그것이 오보임을 밝혔으나, 당시 추락한 UFO가 있었고, 외계인들의 시신도 수습되었다는 식의 증언들이 여러 관계자들을 통해 지속적으로 나왔다. 월터 하우트는 509전폭단의 공보 업무를 맡아 UFO 보고서 작성에 관여했다.

있었다. 당시에 이 정보가 일급비밀로 되어 있어 발설하지 못하고 평생 혼자 간직한 채 살다 유언장에 그 내용을 남긴 것이다. 죽으면서 간신히 밝힌 것인데, 그것도 죽은 지 2년 뒤에나 공개하라고 했으니 이 사안이 얼마나 예민한 것인지 알 수 있다. 자신은 더 이상 지상에 없으니 문제 될 게 없지만 혹시나 가족들에게 위해가 가지 않을까 해서 극도로 조심한 것이다.

이 소식을 접하고 나는 이 신기하기 짝이 없는 UFO 현상에 대해 정리하는 일을 계속 미룰 수 없다는 결론에 이르렀다. 20세기 말부터 UFO가 부쩍 자주 출몰하고 있어 의아심을 떨칠 길이 없었는데 월터 하우트의 유언까지 공개되니 도대체 이런 일이 왜 일어나는지 규명하고 싶었다. (그래서 우리 연구자들의 의견을 모아 보고 그것을 잘 정리해서 세상에 알려야겠다는 생각이 강하게 들었다. 이것은 앞으로 인류가 모종의 격변기를 맞이할 것 같은데, 이 격변기를 앉아서 맞지 말고 먼저 준비하고 대비하자는 것이었다.) 그런 생각 끝에 같이 논의할 연구자를 찾았는데 그 작업이 쉽지 않았다. 우선 연구자가 너무 적었고 연구자가 있어도 관심의 방향이 달랐을 뿐만 아니라 만나는 시간 맞추기도 보통 힘든 게 아니었다.

그런데 어느 날 지영해 교수에게서 이메일이 왔다. 맹성렬 교수를 통해 나를 진즉에 소개받았는데 마침 한국에 올 기회가 있으니 만나자는 것이었다. 그때까지 나는 지영해 교수를 잘 몰랐다. 지 교수는 영국에 정착한 지 27년이나 되어 국내에는 잘 알려진 인물이 아니었다. 그리고 나는 그가 UFO 전문가라는 사실도 모르고 있었다. 단지 맹 교수를 통해 'UFO 현상에 관심 있는 사람' 정도로만 알고 있었다. 나는 한국인 가운데에는 UFO 연구가가 없다고 생각했기 때문에 지 교수를 만날 때 별 기대를 하지 않았다. 그저 UFO에 관심 있는 호사가일 거라고만 생각했다.

그러나 만나서 15분 정도 대화가 진행되었을 때 나는 지 교수가 UFO에 대해 엄청난 연구를 했다는 것을 알 수 있었다. 그동안 영국에 있으면서 서구에서 나온 문헌을 광범위하게 조사했을 뿐만 아니라 연구자나 체험자들을 직접 만나 면담을 하기도 했다. 그가 얼마나 연구를 많이 했는지는 본문을 읽어보면 알 수 있다. 그는 특히 외계인의 지구인 피랍 사건에 집중해서 연구를 했다. 내가 아는 한 지 교수는 외계인의 지구인 피랍 사건에 관한 한 세계적인 권위자라고 할 수 있다. 그가 이 피랍 현상에 관심을 갖게 된 동기는 매우 합당했다.

UFO를 연구하려면 외계인을 만나는 것이 제일 좋다. 지금처럼 가끔씩 하늘에 나타나는 UFO를 가지고 할 수 있는 연구는 한계가 명확하기 때문이다. 노상 추측만 무성할 뿐 확실하게 잡히는 게 없다. 예를 들어, 우리는 아직도 그들이 타고 오는 비행체부터 그게 어떤 것인지 잘 모르고 있다. 온갖 추측들은 많은데 어떤 이론도 그 비행체의 정체를 확실하게 설명해주지 못하고 있다. 이것은 외계인에 대해서도 마찬가지다. 이들이 정말로 존재하는 것인지, 존재한다면 도대체 어떤 생명체인지 확실하게 알지 못하고 있다.

이것은 모두 우리가 외계인을 직접 만나지 못했기 때문에 생기는 결과다. 따라서 그들을 직접 만나기만 하면 쉽게 해결될 문제인데, 그들의 행동 양태를 보면 쉽게 자신들을 드러낼 것 같지는 않다. 무슨 까닭인지는 모르지만, 그들은 지구인을 대상으로 하는 모든 일을 대단히 은밀하게 하고 있는 것 같다. 이 문제에 대해서도 본문에서 다룬다.

이처럼 외계인을 직접 대면하는 게 최선책이지만 이게 가능하지 않을 때에는 차선책을 택해야 한다. 차선책이란, 외계인들을 만났다고 주장하는 사람들을 대상으로 연구하는 것이다. 즉, 외계인들에 의해 피랍된 사람들을 통해 외계인이 어떠하고 누구인지 알아보자는 것이다. 간접적인 방법이긴 하지만, 그들은 외계인들을 직접 만났고 비행선에도 탑승했다고 하니 많은 정보를 줄 수 있을 것이라고 생각할 수 있다. 이것이 지영해 교수가 외계인의 지구인 피랍 사건에 초점을 맞춰 연구한 까닭이다.

그런 결론에 도달한 지 교수는 물론 문헌도 광범위하게 연구했지만 이 분야에서 세계적 권위자인 데이비드 제이컵스David Jacobs 교수에게 연락을 했다. 지 교수는 제이컵스 교수와는 전혀 안면이 없었는데 정면돌파할 생각으로 그에게 직접 연락한 것이다. 제이컵스 교수 역시 아주 특이한 사람이다. 그는 미국 템플대학의 역사학과 교수로 있으면서 외계인에 의한 피랍 사건에 대해 많은 연구를 했다. 나도 그의 책(《*Secret Life: Firsthand Accounts of UFO Abductions*》, 1992)을 십수 년 전에 사서 아주 재미있게 읽었던 기억이 난다. 지 교수는 제이컵스 교수에게 당신의 연구 성과를 같이 나누고 앞으로도 동료처럼 함께 연구하자고 제안했다. 진심이 통했던지 그때부터 지영해 교수는 제이컵스 교수와 거의 동료처럼 연구하게 된다. 필요하면 컴퓨터로 화상통화를 하면서 몇 시간씩 토론하기도 하고 제이컵스 교수를 옥스퍼드대학으로 초청해 학술대회를 열기도 하면서 말이다. 그 자세한 사항은 본문을 참고하기 바란다.

우리는 첫 번째 대면부터 잘 통했다. 왜 그런지 그 이유를 생각해보았더니 전공이 아주 비슷하기 때문이었다. 그는 신학을 전공하고 나는 종교학을 전공했으니 겹치는 부분이 많은 것이다. 이 UFO 현상이라는 것은 그냥 외계에서 벌어지는 일이 아니라 물질과 영혼의 문제를 다룬다거나 인간의 본질을 묻는다는 의미에서 종교적인 성향을 많이 띤다. 그래서 이런 분야 쪽으로 지식이 없으면 UFO 현상을 설명하기가 어려워진다. 외계인과 외계 비행체 문제를 기술공학적으로만 접근하면 UFO 현상을 이해할 수 없다. 그런 의미에서 지 교수와 나는 쉽게 통할 수 있었다.

그렇게 몇 시간을 대화한 끝에 나는 수년 전부터 갖고 있었던 작은 바람을 이룰 수 있다는 생각을 하게 되었다. 많이들 잘못 알고 있는 UFO 현상에 대해 제대로 된 시각으로 알릴 수 있는 가능성을 본 것이다. 그것은 지 교수가 UFO 연구에 정통했기 때문에 가능한 것이었다. 그래서 바로 그날 지 교수에게 제안했다. 지금 지속적으로 UFO들이 나타나고 있는데 이 현상을 정리해서 사람들에게 제대로 된 정보를 알리자고 말이다. 그랬더니 그는 흔쾌히 수락했다.

*

원고가 작성되는 과정은 다음과 같았다. 우선 UFO 정통 연구가인 지 교수가 먼저 같이 토론할 주제를 질문 형식으로 정하기로 했다. 그리고 우리 둘의 토론을 원활하게 하기 위해 가상의 사회자를 하나 두기로 했다. 그 사회자로 하여금 질문을 하게 하고 우리 둘이 돌아가면서 자신의 견해를 밝히기로 한 것이다. 그리고 매주 목요일에 원고를 교환하기로 했다. 그러니까 이번 주 목요일에 지 교수가 원고를 보내오면 내가 일주일 동안 써서 다음 주 목요일에 보내는 식으로 정한 것이다. 그렇게 정했지만 과연 지 교수가 그렇게 빨리 원고를 쓸 수 있을까 하는 의구심을 떨쳐버릴 수가 없었다.

그런데 그 기우는 보기 좋게 빗나갔다. 지 교수는 영국에 돌아가자마자 정해진 날짜에 수많은 질문과 함께 몇몇 질문에 답한 내용을 보내왔다. 그때부터 우리의 토론과 집필이 시작된 것이다. 그렇게 매주 원고를 교환했는데, 나는 지 교수의 집필 속도에 대해 놀라지 않을 수 없었다. 격주로 원고 보내기로 한 것을 한 번도 어기지 않았을 뿐만 아니라 어떤 때는 더 일찍 보내오기도 했다. 나도 글은 제법 빨리 쓴다고 자부하고 있던 터인데, 나 자신이 무색해지고 말았다. 사실 서구의 교수들은 이처럼 약속과 시간을 정확하게 지킨다.

그렇게 매일 쓰는 일은 매우 즐거웠다. 지 교수로부터 많은 전문적인 지식을 배워서 즐거웠을 뿐만 아니라 나 자신도 그동안 UFO에 대해 생각하고 있던 것을 정리할 수 있어 좋았다. 서로가 거울 역할을 하면서 자신의 견해를 풀어나간 것이다. 우리는 UFO 현상을 해석하는 문제에 대해 대부분 동의했다. 그러나 중요한 부분에서는 조금 다른 의견을 갖고 있음을 확인할 수 있어 이 토론이 더 값졌다. 의견이 다 같았으면 토론이 맥 빠졌을 텐데 마지막 부분, 즉 외계인의 정체와 그들이 지닌 문화(혹은 문명)에 대한 해석에서는 다름을 보여 아주 좋았다. 의견이 다르기는 하지만 배치되는 것은 아니고 외려 합하면 더 좋은 이론이 나올 것 같았다.

토론을 하는 과정에서 깊이 느꼈던 것은 지 교수가 지닌 학식과 분석력이었다. 그는 대단히 날카로운 사고를 하고 있었고, 알고 있는 지식도 방대했다. 이것은 그의 이력을 참고해보면 알 수 있다. 지 교수는 오랫동안 외국 생활을 해 국내에는 그다지 알려져 있지 않았다. 그의 이력은 매우 특이하다. 학부에서는 정치학을 전공했으며 석사까지 했다. 그리고 그 전공으로 국내 대학에서 가르치다 영국으로 건너가 옥스퍼드대학에서 국제관계와 신학으로 석·박사를 마쳤다. 박사학위 주제는 그 어려운 아우구스티누스의 정치신학인데, 주제는 '소유권'에 대한 것이었다. 이 소유권이라는 주제도 아주 특이하지만, 아우구스티누스가 누군가? 토마스 아퀴나스와 함께 서양 신학을 지탱하는 두 거목 중 하나 아닌가? 그러니까 그는 정통 신학을 한 것이다. 국내에 아우구스티누스를 전공한 신학자가 몇 명이 있는지 모르지만, 지 교수는 서양 신학의 핵심을 공부한 사람이다. 그가 옥스퍼드대학에서 공부한 이야기를 들어보면 신기하기도 하고 부럽기도 했다. 옥스퍼드대학 중앙도서관에 있는 중세고문서관에서 라틴어로 된 옛 문헌들을 찾아 해독하고 분석하는 작업을 수년간 했다고 하니 말이다.

그런데 지 교수는 학교에 가면 한국학을 가르치지만 집에 오면 UFO 연구에만 골몰했다고 한다. 그는 또 한국학 학자답게 한국 종교, 남북한 문제, 특히 탈북자 문제에 대해서도 많은 연구를 했다. 게다가 재미있는 것은, 그가 대학교 초년생 때부터 힌두철학과 요가명상에 깊이 심취했다는 사실이다.《우파니샤드》와《바가바드기타》등 경전을 섭렵하면서 받아들인 힌두철학적 사유와 인도의 전통적 명상 체험은 그가 옥스퍼드에서 서구의 정통 신학을 하는 과정에서도 깊은 영향을 미쳤다고 한다. 그러니까 그에게는 다양한 얼굴이 있는 것이다.

내가 여기서 그의 이력을 세세히 소개하는 이유는, 그의 UFO 연구가 심심풀이로 이루어진 것이 아니라 서구 지성사에 훤한 최고급의 학자에 의해 이루어졌다는 것을 알리기 위함이다. 그의 분석이 날카로웠던 데에는 이런 배경이 있다는 것을 알리고 싶었다.

장황한 서문을 마치면서 밝힐 것은, 우리는 역할을 분담하여 서문을 내가 쓰고 후기는 지 교수가 쓰기로 했다는 점이다. 이 책을 쓰자고 제안한 사람이 나였기 때문에 그동안의 과정에 대해 서문 형식을 빌려 내가 쓰는 게 낫겠다고 생각했다. 반면 지 교수는 UFO 전문가이니 후기에서 할 이야기가 많을 것으로 생각되어 그 부분을 담당하기로 했다.

마지막으로 언급하고 싶은 것은, 우리의 연구가 UFO에 대해서만 이루어진 것이 아니라 결국은 우리 자신과 우리의 미래에 대한 것이라는 점이다. 우리는 이 책을 쓰면서 인류의 미래에 대해 큰 우려를 금할 길이 없었다. 우리가 이 책을 내는 이유는, UFO에 대해 보다 정확하게 알리려는 의도도 있었지만 더 큰 문제는 인류의 미래에 대한 것이었다. 결코 낙관적으로 볼 수 없는 인류의 미래에 대해 독자들과 함께 진심으로 심각하게 생각해보자는 것이었다. 부디 이 책을 읽은 독자들이 이 문제에 더 많은 관심을 가져준다면 저자로서 더 바랄 게 없겠다.

최준식 삼가 씀

COLLAPSE
TOEIC PART 7
GONER

최준식
×
지영해
×
×
×
×
×
×
×
×
×
×
×

intro.

대담의 배경, 우리는 왜 이야기를 해야만 하는가?

QUESTION **외계 지성체를 비롯 인류의 운명, 죽음, 임사 체험 등을 깊게 연구해온 이화여대 최준식 교수님과 옥스퍼드대 지영해 교수님을 모시고 대담을 시작하겠습니다. 위 주제와 관련하여 두 분은 많은 점에서 공통된 견해를 갖고 있으면서도, 세부사항에서는 서로 입장의 차이를 보이기도 합니다. 우선, 이런 문제에 관심을 갖게 된 계기나 동기가 있습니까?**

최준식 제가 UFO에 대해 관심을 갖게 된 특별한 동기는 없습니다. 어려서부터 UFO라든가 죽음 뒤의 세계 등 신비적인 데에 굉장히 관심이 많았습니다. 이유는 모르겠습니다. 그저 저는 성향이 그런 것 아닌지 모르겠습니다. 저는 돈 버는 것 같은 세속적인 일에는 그다지 관심이 없었습니다. 대신 버뮤다 삼각지대나 유령이 출몰하는 집, 혹은 잃어버린 아틀란티스대륙과 같은 주제만 나오면 자료를 탐독하곤 했습니다. 그런 성향 때문에 남들이 모두 말리는 종교학을 전공하기도 한 것이겠지요. 지금도 기억이 선명합니다. 어린이 잡지를 보면 가장 먼저 펼쳐보는 게 그런 기사였습니다. 사람이 차원이동을 해서 없어지는 그런 지역에 대한 이야기들은 정말 재미있었죠. 그러나 지금 생각해보면 그런 이야기들은 모두 지어낸 것들인데, 그때는 혼자 상상 속에 빠져 시간 가는 줄 몰랐습니다.

지영해 제 주요 관심 분야는 외계 지성체 문제, UFO와 특히 외계인에 의한 인간 납치 문제입니다. 그런데 이런 문제에 언제 무슨 계기로 관심을 갖게 되었느냐는 질문을 받으면 난감합니다. 왜냐하면 특별한 동기나 계기 없이 관심을 갖게 되었기 때문입니다. 최 교수님처럼 마치 태어나면서부터 이런 문제는 늘 제 주변에 있어왔고, 그것들을 살펴보는 것은 당연하다고 느껴온 것 같습니다. 하여튼 아주 어릴 때부터 밤하늘의 별을 보며, 또 인간의 탄생과 죽음을 목도하면서, 외계인 혹은 죽음의 문제들은 항상 제 옆에 있었던 것 같은 생각이 듭니다.

최준식 저는 그다지 친구들과 어울리는 스타일이 아니고 혼자 있는 경우가 많아 더욱 이런 신비적인 이야기 속에 잘 빠졌습니다. 어떤 결정적인 계기가 있었던 것은 아니지요. 저는 거꾸로 물어보고 싶습니다. '어떻게 우리가 UFO에 대해서 무심할 수 있느냐'고요. 그렇지 않습니까? 우리 주위에는 UFO로 추정되는 물체가 끊임없이 나타났습니다. 그 실례는 너무 많아 다 셀 수가 없습니다. 물론 그중에는 거짓 사진이 상당합니다. 그럼에도 불구하고 부정할 수 없는 사진이 있습니다.

대표적인 게 1995년 〈문화일보〉 김선규 기자가 가평에서 찍은 것입니다. 이 사진은 너무도 유명해 더 설명할 필요가 없습니다. 국내뿐만 아니라 국외에서도 유명하죠. 이 사진은 조작이 없는 사진으로, 거기에 나타난 UFO의 실체를 의심할 수 없는 지경에 이르게 되었습니다. 이것만 있는 게 아닙니다. 광화문 상공에도 수없이 UFO가 나타났고 전세계 곳곳에서 UFO가 숱하게 목격되었습니다.

그런가 하면 비행기 조종사들에게 이 UFO는 상식처럼 되어 있습니다. 유튜브를 보면 미국 조종사들이 UFO 만난 체험들을 가지고 면담한 영상들이 있습니다. 그것도 한두 개가 아니라 두 시간짜리 영상으로 편집되어 있습니다. 그들의 말을 들어보면 거짓이 아닌 것을 알 수 있습니다. 그리고 그들이 말하는 UFO 경험담은 서로 아주 닮아 있습니다. 다른 곳에서 다른 시간에 경험했건만 체험에 일관성이 있는 것입니다. 또 국내 UFO 연구의 권위자인 맹성렬 교수가 퇴역 공군 조종사인 임병선 예비역 소장을 면담한 내용도 그렇습니다.● 그는 현역일 때에는 자신이 비행

● 1980년 3월 미군과 공동으로 팀스피리트 훈련을 하기 위해 대구공항을 이륙한 두 대의 전투기에 타고 있던 조종사들이 북쪽에서 남하하는 UFO를 목격하고 추적한 사건이 있었다. 당시 현역 대령이었던 임병선 씨를 비롯해 모두 네 명의 조종사가 함께 이 UFO를 목격했고, 포항 앞바다 상공까지 추격해 150여 미터 거리에서 약 25분 동안 상하좌우로 선회하며 관찰했다. 1991년 당시 조사를 했던 박오상 예비역 대령이 한국UFO연구협회에 제보함으로써 목격 사례가 민간에 알려지게 되었고, 2001년 맹성렬 교수가 임병선 예비역 소장을 인터뷰함으로써 사건의 전체 내용이 드러났다.

도중 본 것을 이야기하지 못하다가 전역한 다음에야 입을 열었습니다. 그가 UFO를 목격한 경험담을 들어보면, 다른 조종사들이 혹은 일반인들이 목격한 것과 그다지 다르지 않은 것을 알 수 있습니다. 이렇게 수많은 사람들이 같거나 매우 비슷한 현상을 목격하는 것을 어떻게 설명할 수 있을까요?

이 점에 관해서는 저도 에피소드가 있습니다. 먼 친척 형뻘 되는 사람 중에 공군 조종사가 있었습니다. 먼 친척이라 거의 만날 일이 없었는데 어느 날 어쩌다 만나 밥을 먹게 되었습니다. 그때 제가 처음으로 던진 질문이 바로 "형님, UFO가 정말 있습니까?"였습니다. 그랬더니 그이는 단 1초도 지체하지 않고 "있지. 당연히 있지. 우리 조종사들 사이에서 UFO의 존재는 상식처럼 되어 있어. 다 알고 있지만 이야기해봐야 결론이 나는 것도 아니라서 아무도 이야기하지 않는 거지"라고 대답했습니다. 그래서 제가 "그럼 형님은 어떤 체험을 했나요?" 하고 물으니 답이 바로 나왔습니다. "어느 날 비행을 하고 있는데 앞에 반짝반짝 빛나는 물체가 있더라고. 그래서 옆 비행기를 모는 동료에게 광체光體를 봤냐고 물어보니까 봤다는 거야. 그럼 같이 추적해보자 하면서 속력을 냈는데 그 물체가 사라져버렸어."

바로 이겁니다. 이처럼 UFO는 우리 곁에 있습니다. 어디를 봐도 UFO는 우리 곁에 있어왔습니다. 이걸 어떻게 설명할 수 있을까요? 다시 말해 마음이 열려 있는 사람이라면 이 UFO 현상을 이해해보려고 노력할 것입니다. UFO를 목격한 사람들의 증언은 꽤 일치합니다. UFO가 전부 거짓이고 환상이라고 주장하고 싶다면 지금까지 우리 인류들이 겪은 UFO 체험이 전부 가짜라는 것을 증명해야 합니다.

물론 UFO에 관한 목격 사례나 사진들을 보면 많은 것이 가짜입니다. 그런데 약 10퍼센트의 목격 사례나 사진은 도저히 설명할 수 없는 현상을 담고 있습니다.• 앞에서 얘기했던 가평에서 찍힌 UFO 사진은 그런 설명할 수 없는 사진 중 대표적인 것입니다. 그 외에도 많이 있습니다. 그것을 확인하기 위해 굳이 외국 사진을 들춰볼 필요도 없습니다. 북한산 상공에서 하나로 합쳤다가 다시 분열을 거듭하던 UFO 사진도 많이 보았습니다.

지 교수님의 연구 분야인 UFO 피랍 체험은 어떻게 설명합니까? 이 체험을 한 사람은 벌써 수천수만에 달합니다. 이 체험을 하면 보통 기억을 하지 못한다고 하니, 체험을 하고도 전혀 기억하지 못하는 사람까지 합하면 실제 체험을 한 사람은 훨씬 많을 것입니다. 체험자들의 증언을 들어보면 세부적인 데서는 차이가 있지만 거의 비슷합니다. 대부분 생체실험을 당하지요. 자세한 이야기는 지 교수님이 해주리라고 생각합니다. 그런데 여기서도 공통적인 것은 이 피랍자들의 증언이 대체로 같다는 것입니다. 만일 이 피랍 체험이 단지 환상에 불과하다면 어떻게 이처럼 모

• 미국 공군에서 엄밀한 잣대로 1948~1969년에 조사한 바에 의하면, 목격 사례의 6퍼센트 정도가 기존의 비행물체나 자연현상으로 설명할 수 없는 '미확인'이라고 한다.

든 체험담이 같은 것일까요? 우리는 이 점에 주목해야 합니다.

그래서 UFO에 관심 없는 사람들에게 이런 질문을 던지고 싶은 생각도 있습니다. 만일 당신들의 생각과는 달리 정말 UFO가 있으면 어떻게 하겠느냐고 말입니다. 그렇게 무관심하게 있다가 나중에 어떤 일을 당하는 것보다는 미리미리 준비하는 게 낫지 않을까요? 준비는 다른 것이 아니라 UFO가 도대체 무엇인지 이해를 해보자는 겁니다. 이상한 광체가 기이하게 생긴 생명체를 태우고 출몰하는데, 이 알 수 없는 생명체가 무엇이냐는 것이지요. 많은 사람들이 믿듯이 어디 먼 별에서 온 생명체인지, 아니면 우리의 집단무의식이 만들어낸 허구물인지 한번 생각해보자는 겁니다.● 또 그 빛나는 비행체, 즉 지상의 물리법칙을 완전히 무시하고 직각 비행을 한다든지, 합체 및 분열을 자유자재로 한다든지, 순간적으로 나타났다 없어진다든지 하는 이런 비행체들을 어떻게 설명할 수 있을지 생각해보자는 것이지요.

QUESTION **이 UFO 문제에 진지하게 관심을 갖고 연구하게 된 시점은 언제부터입니까?**

● 스위스의 정신분석학자 카를 융은 UFO를 물질적 실체가 없는 집단무의식의 산물로 해석했다. 구약성경에서 구원의 상징으로 출현했던 신의 현대판이 UFO 현상이라는 것이다. 하지만 이런 내용을 담은 저서 《비행접시들》 말미에서 그는 외계로부터 지구 대기권으로 진입한 물질적 존재가 실제로 존재하며, 여기에 인류의 집단무의식이 투사된 것이 UFO일 가능성도 있음을 언급하고 있다.

지영해 굳이 어떤 특정한 시점을 꼽아야 한다면 35년 전 대학원 1학년 때였던 1980년을 기억할 만한 연도로 봅니다. 한국어로 된 외계인에 대한 자료가 별로 없던 시절이었는데, 그때 한국어로 번역된 조지 아담스키George Adamski[●]의 외계인 조우에 관한 책을 읽었습니다. 지금 생각해보면 외국에서는 연구서들이 출간되기 시작하던 때인데요. 하지만 이들 책들이 국내에는 소개되지 않았습니다. 여기에 에리히 폰 대니켄Erich von Däniken[★]이 쓴 고대 문명과 외계 문명의 관계에 관한 것도 있었습니다. 아담스키의 책은 별로 신빙성이 없어 보였습니다. 거의 공상과학소설 수준이었지요. 폰 대니켄의 책은 그런대로 설득력이 있었습니다. 하지만 그것도 구체적인 증거가 없는 거의 가설적인 책에 지나지 않았습니다.

그러나 10년 전 외계인 문제와 관련하여 개인적으로는 또 다

● 미국에서 UFO 소동이 한창이던 1950년대에 외계인과 만나 그들의 우주선을 타고 달과 금성 등을 다녀왔다고 주장한 대표적인 접촉자(contactee). 그의 체험담을 소개한 책 《비행접시 착륙하다》와 《우주선 안에서》는 전세계적인 베스트셀러가 되었다. 그에 의하면, 달과 금성에 생물이 살 수 있는 쾌적한 주거환경이 조성되어 있다고 한다. 그는 UFO를 근접 촬영한 사진을 여러 장 공개해 한때 추종자 집단이 생기기도 했으나 그의 주장과 증거가 모두 엉터리라는 주류 학계의 비난에 직면하기도 했다.

★ 세계적인 초베스트셀러 《신들의 전차》의 저자. 1960년대 초에 몇몇 천문우주학자들이 외계 지성체의 지구 방문이 충분히 가능하다는 주장을 했다. 특히 칼 세이건은 지난 역사시대에 최소 두 번 정도는 외계인들이 다녀갔을 것으로 추정했다. 대니켄은 이런 학계의 분위기에 편승해 자신의 책에서 고대 유적 및 유물에 반영되어 있는 외계인의 흔적이나 그들의 이미지에 대한 증거들을 제시했다.

른 새 장을 열게 되었습니다. 1980년대부터 꾸준히 연구되어 온 각종 외계인 피랍 연구 보고서를 접하게 된 것이지요. 특히 데이비드 제이컵스David Jacobs●, 존 맥John Mack★, 버드 홉킨스Budd Hopkins■의 연구에 깊은 인상을 받았고, 결국 10여 년 전부터 외계인 문제를 피랍 중심으로 연구하게 된 계기가 되었습니다.

최준식 UFO 현상 연구가 조롱받는 것이 바로 아담스키 같은 사람들 때문입니다. 그런 조작자들 때문에 UFO의 존재를 의심하는 이들의 지탄을 받는 것입니다. 이런 사람들은 더 있습니다. 예를 들어 빌리 마이어Billy Meier●라는 사람도 그렇습니다. 플레이아데스 성단에 산다는 셈야제Semjase라는 외계 여인과 접촉해 그의

● 20세기 미국사 전문 학자로 미국 템플대학 교수를 역임했다. 위스콘신대학에서 박사학위 논문으로 미국의 UFO 논란을 다뤘으며, 이를 편집해서 《미국에서의 UFO 논란》을 저술했다. 1980년대 미국에서 UFO 피랍 문제가 심각하게 대두되자 역행최면을 배워 피랍자들의 사례를 직접 연구해오고 있다.

★ 하버드대 의과대학 정신병학 교수를 역임한 정신분석학 전문가. 2004년에 불의의 교통사고로 사망. 1977년 〈아라비아의 로렌스〉로 유명한 영국 장교 로렌스를 정신분석학적으로 다룬 전기 《우리 무질서의 왕자*A Prince of Our Disorder*》로 퓰리처상을 수상했다. 1993년에 '초상현상 연구 프로그램(PEER, Program for Extraordinary Experience Research)'이라는 연구센터를 개시했으며, 1994년 UFO 피랍 체험을 다룬 책 《피랍*Abduction*》을 저술해 하버드대 의과대학의 의료조사위원회에 회부되는 등 큰 논란을 일으켰다.

■ 20세기를 대표하는 미국의 전위미술작가 중 한 명. 2011년 사망. 1970년대 중반 UFO 연구를 시작했으며, 1987년에 피랍 사례를 다룬 책 《침략자들*Intruders*》을 써서 베스트셀러 작가 반열에 올랐다. 30여 년간 피랍 사례를 조사한 그는 외계인들이 인간의 단기 기억을 통제하는 능력과 텔레파시로 인간의 행동을 조종하고 중력을 자유자재로 제어할 수 있는 특이한 능력을 지니고 있다고 발표했다. 하지만 외계인들의 손재주가 인간보다 훨씬 떨어지며 신체적으로 약하고 인간의 언어를 이해하지 못하는 등 약점이 있는 것으로 파악했다.

가르침을 전하는 사건은 허점이 많이 보입니다. 그가 제시하는 사진도 믿기 어려운 부분이 많습니다. 그렇다고 그것을 다 부정하려는 것은 아닙니다. 긍정하기에는 받아들이기 어려운 부분이 많다는 것이지요. 그 때문에 UFO 회의론자들은 UFO 현상 자체를 모두 부정합니다. 회의론자들에게 UFO 체험을 부정할 수 있는 빌미를 주고 있는 것이지요.

QUESTION **최근의 연구는 어떻게 이루어지고 있습니까? 어떠한 분야에서 어떠한 방식으로 무엇이 연구되고 있습니까?**

최준식 지금 국내 UFO 연구는 답보 상태입니다. 연구하는 사람도 거의 없지만 그나마 있는 사람들도 전념해서 하지 못합니다. 제가 보기에 국내 연구 수준은, 맹성렬 교수의 선구적인 연구의 집약체라 할 수 있는 《UFO 신드롬》(2003)이라는 책의 수준을 넘어서지 못하고 있는 것 같습니다. 이 책을 능가하는 연구가 없다는 것이지요. 굳이 맹 교수와 필적할 만한 연구를 꼽으라면, 국

● 스위스의 농부였던 외계인 접촉자. 매우 선명한 UFO 사진과 동영상 들을 공개해 세계적으로 센세이션을 불러일으켰다. 조작 의혹이 있었지만 명확하게 밝혀지지는 않았다. 그에 의하면, 어린 시절이었던 1940년대부터 UFO의 방문이 잦았고, 그 후 외계인들이 텔레파시로 그를 교육시켰다고 한다. 외계인들은 마이어가 특별한 사명을 수행할 적임자로 선택되었지만 이런 임무를 맡으려면 오랜 수련이 필요하다고 했다는 것이다. 예수의 이면을 담은 《탈무드 임마누엘*Talmud Jmmanuel*》이란 고서적을 발굴·번역하는 등 마이어는 단순한 UFO 접촉자라기보다는 이단적인 종교인에 가깝다.

내에서 UFO 사진 분석에 관한 한 권위자인 서종한 씨를 빼놓을 수 없습니다. 특히 그의 책《충격! 놀라운 UFO 촬영법》(2007)은 주목해볼 만합니다. 이 책에서 그는 미국인 존 브로John Bro가 개발한 의도적 UFO 촬영법을 활용해 UFO 찍는 것을 상세하게 설명하고 있습니다. 그 자신이 의도하에 찍은 사진도 예시하면서 다양한 방법으로 UFO에 접근하고 있어 우리의 흥미를 자아냅니다.

그 외에도 적지 않은 책이 있지만 거의 비슷한 흥밋거리 위주의 내용으로만 되어 있어 별 관심을 끌지 못합니다. 글쎄요, 성시정이라는 인류학자가 쓴《UFO학, 인류학과의 조우》(2003) 같은 인류학 관련 연구 도서도 포함해야 하는지 모르겠습니다. 이 책에서 저자는 현대인들이 UFO를 갈망하는 것이, 남태평양 오지의 섬에 사는 원주민들이 죽은 그들의 조상들이 비행기에 백인들의 문명품인 하물cargo을 잔뜩 싣고 와 착륙할 것이라고 믿은 것과 다를 바가 없다고 말합니다. 철저히 인류학적인 시각이지요. 이분의 연구는 시사하는 바가 많습니다만 UFO 현상 전체를 설명해주지는 않는다는 생각입니다.

그러다 지 교수님을 처음 만나게 되었는데, 사실 지 교수님을 만나고 적잖이 놀랐습니다. 한국인으로 이렇게 UFO를 심층적으로 연구한 분을 처음 만났기 때문입니다. 그런데 처음에 지 교수님이 UFO 피랍 체험을 연구한다고 했을 때 사실은 조금 의아했습니다. 피랍자들이 UFO 비행체에 끌려갔을 때 생식기관을 중심으로 한 생체실험을 당했다는 것을 나로서는 믿기 어려웠습니다. 게다가 그들의 체험은 최면으로 밝혀진 것이라 더 믿기 힘들었지요.

그런데 계속 이야기하는 동안 피랍 체험을 그렇게 황당무계하게만 볼 것이 아니라는 것을 깨닫게 되었고, 그다음에는 저도 그 사례들을 더 찾아 공부를 해보았습니다. 그랬더니 UFO 피랍 사건 역시 수천수만 건이 있었고 그 진행 패턴이 아주 비슷해 신빙성이 보이기 시작했습니다.

지 교수님은 UFO 연구에서 우리가 할 수 있는 일은 피랍 체험을 분석하는 것이라고 하였는데, 그 견해는 대단히 탁월하다는 생각이 들었습니다. 이유는 이렇습니다. UFO를 연구할 때 제일 이상적인 것은 외계인들을 직접 만나서 대화하고 그들의 우주선에 타보는 것입니다. 그런데 이 두 가지는 우리가 할 수 있는 일이 아닙니다. 이 면에서는 외계 존재들이 우리에게 도움을 주지 않는군요. 그들이 속 시원하게 우리 앞에 나타나주면 모든 일이 다 풀릴 것 같은데 안타깝게도 그런 일은 벌어지지 않았습니다.

사정이 이렇다고 할 때, 그다음으로 할 일은 외계인의 우주선에 다녀왔다는 사람들을 통해 간접적으로 외계 생명체를 이해하는 것이겠지요. 이렇듯 귀중한 정보를 줄 수 있는 사람이 다름 아닌 UFO 피랍자들인 것입니다. 우리는 이 사람들이 아니고서는 UFO에 대한 정보를 얻을 길이 없기 때문입니다. 그런 면에서 지 교수님은 선구자적이고 진취적인 연구를 한 것입니다. 물론 그들의 체험이 진짜genuine냐 아니냐를 가려내야 하는 아주 기본적인 문제가 있지만요.

지영해 저는 지난 5년간 외계인 피랍 현상에 집중해서 연구를 해 왔습니다. UFO 목격자들에 대한 연구는 해외에서 충분히 많이 진행되었습니다. 하지만 UFO 목격담은 비행물체의 외관이나 움직임에 대한 정보만을 제공할 뿐 그것을 움직이는 존재에 대해 어떤 구체적인 정보를 제공해주지는 않습니다. 한편, 최 교수님이 말씀한 대로 수천수만 명의 사람들이 외계인에 의한 피랍 경험을 지속적으로 말하고 있습니다. 따라서 외계인의 마음과 그들의 출현 목적, 그들이 온 세계를 알 수 있는 방법은 피랍 현상 연구에 있다고 할 수 있습니다.

저는 주로 영국을 근거지로 활동하고 있습니다. 제 연구는 크게 두 가지로 이루어집니다. 우선 피랍자들의 모임 속으로 들어가 그들을 직접 만나고, 그들이 한 경험의 사실 여부를 분석하는 일이지요. 많은 경우 신빙성이 떨어지지만, 개중에는 심각한 케이스가 있습니다. 이들과의 직접적인 면담을 통해 현재 벌어지고 있는 피랍 현상을 연구하고 있습니다. 둘째는 해외 피랍 연구가들과의 공동 연구입니다. 특히 지난 3년간 미국의 피랍 연구가 데이비드 제이컵스 박사와 공동 연구를 해왔습니다. 피랍 연구에 필요한 최면요법을 전수받고, 피랍 연구를 효과적으로 진행할 수 있는 방법론을 개발하고 있습니다. 2013년 10월에는 런던에서 한 여성 피랍자를 대상으로 피랍 시 기억력 회복을 위한 최면 세

션을 같이 시행하기도 했습니다.

이 외에도 한국을 포함해 전세계 대학들에서 외계인을 연구하는 사람들과 조직들 간의 연계도 만들어가고 있습니다. 외계인 연구자들 간의 깊은 네트워킹이 없으면, 현재 사회의 왜곡된 인식과 시각을 볼 때 외계인 연구를 개인적으로만 수행한다는 것은 계란으로 바위 치기와 마찬가지이기 때문입니다. 그리고 서로의 정보 공유를 통해 배우는 것도 엄청나게 많지요.

QUESTION **UFO를 이야기할 때마다 단골로 나오는 질문이 있습니다. 두 분은 UFO를 직접 목격한 적이 있나요? 연구자인 만큼 분명 UFO 관련 체험이 있을 것 같은데요.**

최준식 저는 대략 두 번의 체험이 있었는데…… '대략'이라고 한 것은 제가 본 것이 UFO인지 아닌지 확실하지 않아서입니다.

한 번은 1998년 12월 30일쯤이었는데, 제가 사는 아파트 단지에서 건물 사이로 자체 발광하는 물체가 하늘에 떠 있는 것을 보았습니다. 그 모습이 하도 특이해 지금도 정확하게 기억이 납니다. 굽은 옥처럼 생겼는데, 가장자리가 노란색으로 발광하고 있었습니다. 지구상에서는 볼 수 없는 물체였습니다. 그런데 아무리 기다려도 사라지지 않아서 할 수 없이 그 자리를 떴습니다. 그 다음 날 보도를 보니 UFO를 봤다는 시민들의 목격담이 이어지더군요.

또 한 번은 최근인데, 밤에 답사를 끝내고 차를 타고 지방도로를 달리고 있었는데 갑자기 먼 하늘에 별 사이로 꽤 큰 빛이 보였습니다. 그런데 그 빛이 움직이지 않고 고정되어 있었습니다. 옆의 별들과는 상대가 안 되게 꽤 큰 희미한 노란색 빛이었습니다. 그래서 저건 인공위성도 아니고 별도 아니고 도대체 무엇일까 하면서 옆 사람에게 이야기하고 다시 보았는데, 그때까지는 있었습니다. 그러나 세 번째 보았을 때는 완전히 사라져버렸습니다. 이 빛은 보통 UFO 사진들과는 별 연관성이 없는 물체로 보였지만, 여전히 이해되지 않는 물체라 지금도 그 정체에 대해 궁금해하고 있습니다.

조금 다른 이야기입니다만, 어떤 영화제작자를 만났다가 그가 무심코 한 말에 자극받아 수년 전에 UFO 관련 시나리오를 쓴 적이 있습니다. 그는 보람영화사 대표인 이주익 씨인데, 이분도 UFO에 대한 지식이나 열정이 대단했습니다. 그러고 보면 우리 사회에도 UFO에 관심 있는 이가 많은 것을 알 수 있습니다. 그때 맹성렬 교수도 동석했었는데, 이야기 끝에 이주익 대표가 지나가는 말로 UFO 관련 시나리오를 써보라고 하더라고요. 그건 정말 지나가는 말이었는데, 저는 순진하게 그걸 철석같이 믿고 시나리오만 쓰면 영화를 만들어줄 줄 알고 그만 정말로 쓰고 말았습니다. 그런데 영화사가 바본가요? 검증이 안 된 사람, 그것도 시나리오의 'ㅅ' 자도 모르는 사람이 쓴 작품을 영화로 만들게요?

영화는 당연히 안 되는 것이었죠. 그래도 이왕 쓴 것, 들인 시간과 노력이 아까워 소설로라도 내보려고 했습니다. 이 소설의 줄거리는 아주 간단합니다. 주인공이 근사 체험•을 하는데, 그것을 매개로 UFO의 외계인들과 접촉하게 됩니다. 그들과의 대화를 통해 주인공은 의식의 고양을 경험하게 되죠. 외계인들이 주인공에게 나타난 것은, 그를 파국의 지경에 빠진 지구의 환경 문제를 해결할 실마리를 제공할 수 있는 사람으로 만들기 위해서였습니다. 외계인들이 보기에 이 지구상에 사는 인류들은 진화 정도가 미숙해 그만 지구의 환경을 완전히 망쳐놓고 말았습니다. 인류는 자신들의 힘으로는 지구를 구할 수 없는 지경에 이르렀습니다. (이 점은 나중에 다시 상세하게 거론하겠습니다) 그 사정을 딱하게 생각한 외계인들이 지구를 구하기 위해 나섰는데, 본인들이 직접 개입하지 않고 영성이 뛰어난 지구인들을 골라 교육시켜서 지구를 구하게 한다는 것이 이 소설의 핵심 아이디어였습니다.

마침 어떤 분이 중개를 해서 작은 출판사에서 출간(《왜: 인간의 죽음, 의식 그리고 미래》, 2008)을 했습니다. 역시 사람들은 소설에 아무런 관심도 보이지 않았습니다. 그러나 이 소설은 사실 그동안

• 근사 체험(近死體驗, near-death experience)은 문자 그대로 죽음에 근접한 체험이다. 심장정지 상태로부터 소생한 사람의 4~18퍼센트가 근사 체험을 보고한다. 의학기술 발달에 의해 정지한 심장을 다시 소생시키는 것이 용이해지면서 근사 체험자 수는 과거에 비해 점점 증가하는 추세다. 근사 체험에는 공통적인 몇몇 패턴이 있는데 그중에서 빛 체험, 인생 회고, 지각(知覺) 확대 등이 빈번히 보고된다.

제가 연구한 것을 바탕으로 쓴 것으로, 그저 상상력으로만 쓴 것이 아닙니다. 그래서 나름대로 이론적인 토대가 있었는데 그게 잘 읽히지 않았던 것 같습니다. 사실 책으로 출간되기 전에 우연히 주변 사람들이 이 소설을 읽게 되었는데, 어찌나 말이 많던지 내용을 바꾸지 않을 수가 없었습니다. 특히 UFO가 존재한다는 것을 도무지 받아들이지 않더군요. 그래서 결국 UFO가 다른 곳에서 날아온 게 아니라 우리의 미래에서 온 존재들이라는 설정으로 바꿨습니다. 원래 원고대로 가지 못하고 덜 황당하게 바꿔서 수정한 것이지요. .

지영해 저에겐 이렇다 할 UFO 목격담이 없습니다. 만일 비슷한 경험이 있다면, 최 교수님이 지방에서 차를 타고 가다 보았다는 노란색 물체와 비슷합니다. 한 5년 전 10월 어느 날 밤 9시경, 아들 친구와 스쿼시를 치고 차로 집에 데려다주는 길이었죠. 집에 다 와서 가도를 천천히 도는 순간 자동차 창문 위를 보게 되었는데, 붉은 빛덩어리 하나가 별과 별 사이에 움직이지 않고 떠 있는 겁니다. 아주 청명했지만, 달도 없는 캄캄한 밤이었고, 별들만 초롱초롱 떠 있었지요. 이상하다 생각하며 창문으로 고개를 빼고 몇 분간 지켜보았는데, 아들 친구가 너무 기다리는 것 같아서, 우선 조금 더 가서 그 친구를 집에 내려주었죠. 그러고 모퉁이를 돌아 차를 세우고 다시 하늘을 쳐다봤는데, 사라지고 없는 거예요. 차에서 내려 찾아봤지만 어디에도 없더라고요. 아들 친구를 내려주고 모퉁이를 돌기까지는 그저 2~3분 걸렸을 뿐인데 말입니다.

재미있는 것은, 그 불빛을 처음 보았을 때 무언의 메시지 같은 걸 받은 겁니다. 마치 '우리 여기 있다' 하는 메시지랄까, 아니면 '네가 이쪽을 쳐다보는 것을 우리는 알고 있다' 하는 느낌이랄까, 하여튼 특이한 경험이었습니다.

화성이나 목성 등 행성을 잘못 보았다고는 생각하지 않습니다. 20년 이상 아마추어 천체 관측자로서 별을 관측해, 행성들이나 특정한 별들 혹은 별자리들이 어느 계절에 어디에 보이는지는 잘 알고 있기 때문이죠.

QUESTION **이런 주제들은 보통 사람들이 쉽게 생각하는 것이 아닌데요. 연구하면서 주변 사람들로부터 조롱이나 무시를 당한 적은 없습니까?**

최준식 지 교수님은 UFO를 연구하면서 많은 지탄을 받은 걸로 알고 있습니다. 그에 비해 저는 그런 일이 없었습니다. 이유는 간단합니다. 사람을 만나도 UFO에 대해서는 그다지 언급을 하지 않았습니다. 관심이 없는 사람한테 그런 이야기를 꺼낼 필요가 없지 않습니까? 그런가 하면, 제가 만나는 사람들 중 소수는 이런 초자연적인 현상에 대해 아주 관심이 많습니다. 이 사람들에게 UFO는 상식적인 것이어서 새로울 것도 없으니 또 UFO를 이야기할 필요도 없었습니다. 이래저래 UFO를 언급할 기회가 아주 적어지게 되었지요.

지영해 최 교수님 말씀대로 저는 따가운 눈총과 지탄을 받아왔지요. 저는 주로 학계를 대상으로 활동을 해왔습니다. 학계는 대부분 외계인 문제 등에 부정적인 태도를 갖고 있습니다. 특히 보수적인 성향이 강한 옥스퍼드대학에서는 더욱 부정적이죠. 예를 들어, 철학과 교수이자 인류미래학연구소The Future of Humanity Institute 소장인 닉 보스트롬Nick Bostrom은 외계인의 존재와 UFO를 믿는 사람들을 'UFO 또라이nuts'라고 부른 적이 있어요. 인간 이외에 높은 지성체가 있다고 말하면 한 마디로 정신 나간 사람이라는 것입니다.●

그래서 저는 외계인 연구를 하면서 많은 친구를 잃었습니다. 제가 아는 사람 중에 상당히 유능한 중견 물리학 교수가 있었습니다. 사실 그 친구가 결혼할 때 제가 중간에서 다리 역할도 해주고 해서 개인적으로 아주 깊은 친분이 있었고, 또 연구하는 분야가 빛의 속도와 관련된 것이어서 학문적으로도 많은 대화를 나누던 친구였죠. 그런데 외계인의 방문 이야기를 한 후, 그동안 그

● 1940년대에 이탈리아의 물리학자 엔리코 페르미(Enrico Fermi)는 고도로 발달한 외계인들에 의해 우리 은하가 이미 식민화되어 있어야 하고, 따라서 외계인들이 지구를 수시로 오가야 하는데, 그런 징후가 없으니 이상하다고 문제제기를 했다. '페르미 역설(Fermi Paradox)'이라고 일컫는 이 문제제기는 1960년대에 SETI 계획이 추진되는 원동력이 되었다. UFO 문제를 외계인과 무관하다고 생각하는 이들은 아직 페르미 역설에 대한 적절한 답이 제시되지 않았다고 생각하며 그 이유를 찾고 있다. 닉 보스트롬은 고도의 문명을 구가하는 외계인이 우리 은하에 존재하지 않는다고 믿으며, 그 이유를 설명하는 '거대 필터(Great Filter)' 이론을 지지한다. 옥스퍼드 인류미래학연구소 학자인 로빈 핸슨(Robin D. Hanson)이 최초로 제기한 이 이론에 따르면, 하등 생명체가 무조건 순조롭게 고등 생명체로 진화한다는 가정에 문제가 있으며, 이런 진화 단계를 가로막는 거대한 필터가 존재함을 상정해야 한다는 것이다.

렇게 친하게 지내던 사람이 갑자기 연락을 끊었습니다. 이메일을 몇 번 보내도 답장이 없더군요. 벌써 5년 전 얘기입니다. 또 제가 아주 친하게 지내던 신학 교수가 있었습니다. 이 사람도 8년 전 저녁 초대를 해서 외계인을 주제로 담소를 나눴는데, 그다음부터는 아예 소식이 없더군요. 눈을 휘둥그렇게 뜨고 "너 정말 그것을 믿고 있나Do you really believe it?" 하던 모습이 아직도 눈에 선합니다.

QUESTION **외계인의 존재를 믿는 사람들을 조롱하는 그 심리에는 무엇이 깔려 있는 것일까요?**

지영해 외계인의 존재 문제는 장시간 데이터를 수집하고, 분석하고, 거기에 걸맞은 전제조건을 만들고, 철학적 · 과학적 세계관을 수정하는 등 엄청나게 복잡한 지적 작업을 요구하는 문제입니다. 외계인의 존재를 부정하는 사람들의 99.9퍼센트는 관련된 데이터에 대한 지식이나 분석 없이 하나의 '믿음'의 차원에서 즉각적으로 '외계인은 없다'라는 결론으로 점프를 합니다. 그것은 그저 그런 존재는 있을 수 없다는 현재의 과학적 패러다임의 입장을 다시 한 번 반복하는 것 외에는 아무것도 아니지요. 하나의 합리적 판단으로부터 도출된 입장이 아니라, 하나의 맹목적 믿음의 입장인 것입니다.

최준식 저도 지 교수님과 비슷한 입장입니다. 제가 보기에 외계인의 존재를 부정하는 사람들이 갖고 있는 가장 간단한 심리 상태는, UFO를 믿는 사람들은 비과학적인 미신을 믿는 덜떨어진 사람들인 반면 자신들은 이성적인 사고를 하는 우위의 인간이라는 자만감 아닐까요? 이런 태도는 자연과학을 하는 사람들뿐만 아니라 사회과학을 하는 사람들에게서도 많이 보입니다. UFO와 외계인을 구세주처럼 숭배하는 사람들은 분명 컬트를 숭배하는 것입니다. 그런데 그것으로 설명이 안 되는 부분이 있는데, 사회과학자들이나 자연과학자들은 이 부분을 무시하고 있습니다. 그러면서 자신들은 현실을 이성적으로 제대로 파악하고 있다고 자신하지요.

지영해 사람들은 자신들이 세상에 대해 갖고 있던 관념과 너무 다른 얘기를 들으면 일단 부정을 하고 봅니다. 왜냐하면 그런 세계관을 통해 자신의 지적 시야의 통일성과 자기정체성의 안정성을 도모해왔기 때문이죠. 외계인 문제나 죽음의 문제는 이런 것들을 통째로 뒤흔들어 인식의 기반을 허물기 때문에, 이런 말을 하는 사람을 만나면 불편하기 짝이 없는 것입니다. 자기가 알고 있던 세계와 다른 세계를 인정해야 하는 부담감 때문이죠. 그래서 일단은 이런 사람들을 비정상적이라고 간주해놓고 보는 겁니다.

거기에 지식의 권력화 현상도 곁들어 있습니다. 즉, 어떤 세계를 뒤흔들 만한 주장이 하나의 사실로 인정되어 지식의 지위를 획득하기 위해서는 그 주장이 그 사회에서 정치적 영향력이 있는 사람에게서 나와야 한다는 것이죠. 그것은 일상적으로 벌어지는 정치·사회적 사건뿐만 아니라 엄청나게 커다란 과학적 판단을 요구하는 사실에도 적용됩니다. 하지만 UFO 연구가들이나 이에 동조하는 학자들은 그만큼의 사회적 권력을 갖고 있지 않습니다. 그러니 자연히 무시당하게 되는 것이죠. 한 예로 할리우드 영화를 보면, UFO와 외계인의 방문 문제를 놓고 미국 대통령이 직접 최종적인 발표를 하는데 그게 바로 이런 이유 때문입니다. 과학적 사실과 관련해서도 권력을 가진 대통령이나 정부가 가장 신뢰할 만한 판단을 내린다고 보는 것이죠. UFO 연구가들은 비슷한 정도의 권력을 행사할 수 없기 때문에 일반인들이 외계인과 UFO를 받아들이기는 쉽지 않습니다.

개인적인 차원에서의 단순한 부정을 넘어서 사회 전체적으로 외계인 문제를 도외시하는 데에는 아주 뿌리 깊은 이유가 있습니다. 과학계의 《네이처*Nature*》에 필적할 만큼 권위 있는 정치학 학술지 《폴리티컬 시어리*Political Theory*》 2008년 8월호를 보면, 오하이오주립대학의 알렉산더 웬트Alexander Wendt 교수와 미네소타 대학의 레이먼드 듀발Raymond Duvall 교수가 UFO 문제로 논문을 공동 기고했습니다.● 왜 각국 정부는 UFO 문제를 놓고 쉬쉬하는 것일까 하는 문제였습니다. 이들의 견해는, 근대에 들어 정부

● Alexander Wendt & Raymond Duvall, Sovereignty and the UFO, *Political Theory*, August 2008, Vol. 36 No. 4, pp. 607–633 http://ptx.sagepub.com/content/36/4/607.full.pdf+html

는 정보와 지식을 통치의 도구로 사용함으로써 사회질서를 확립하고 지배력을 확보하는데, UFO는 그 본질이 너무 불가사의해서, 인간에게 알려진 지식의 범주에 들어올 수 없다는 겁니다. 따라서 UFO의 정체를 긍정하건 부정하건 그것을 언급하는 한 정부는 지식과 정보를 도구로 하는 자기의 지배력에 한계가 있음을 드러낼 수밖에 없고, 이는 현대의 정부가 필요로 하는 정치·사회적 장악력을 확보하는 데 커다란 방해가 된다는 것이지요. 따라서 UFO를 놓고 긍정도 부정도 안 하는, 논외의 일로 밀어놓는 것이 정부로서는 최상의 선택이라는 것입니다. 정말 탁월한 견해가 아닐 수 없습니다.

하지만 저는 각국 정부가 UFO에 관심을 두지 않는 이유는 웬트와 듀발이 진단한 것보다는 더 깊은 데에 그 이유가 있다고 봅니다. 이것은 거의 인간의 본성과 관련된 것이라고 볼 수 있어요. 인간 정부는 자기보다 더 우월한 존재를 자기 위에 둘 수가 없다는 점입니다. 그리고 사실 이 점이 웬트와 듀발의 진단 밑에 깔린 전제조건이기도 하지요. 이를 다시 서양 기독교 신학적 관점에서 보면, 인간 정부가 행사하는 권력은 질서 유지에는 절대적으로 필요한 요소지만, 인간 본성에 있어서 가장 커다란 악, 즉 성 아우구스티누스가 말한 교만superbia이 그 핵심에 자리잡고 있다고 볼 수가 있습니다. 자기의 권력을 훼손할 수 있는 것은 그것이 인간 누구건, 혹은 심지어 인간이 아니더라도 자기 위에 놓을 수 없는 것이지요. UFO 현상 뒤에 상상을 초월하는 우월한 존재들이 있다는 것을 인정할 수 없는 것이 악한 인간 본성의 진실된 모습인 것이죠. 또 이것이 바로 과학자들이 외계 생명체의 가능성을 이야기할 때 SETI Search for Extra Terrestrial Intelligence 프로젝트처럼 우주 아주 먼 곳에 있어서 전파를 통한 통신 외에는 인간과 직접적으로 조우할 수 없는 생명체나, 아니면 아주 저급의 진화 단계에 있는 원시유기체 정도의 생명체만을 주로 언급하는 이유이기도 합니다. 그래서 제 판단에는 인류가 현재의 국가 정부 형태를 유지하는 한 UFO의 존재를 공식적으로 인정하는 것은 불가능할 것 같습니다.

최준식 지 교수님의 말씀을 다시 한 번 정리하면, 인간이나 인간이 세운 정부가 외계인이나 UFO를 대하는 태도는 '권력과 교만'이라고 할 수 있겠습니다. 이것은 참으로 탁월한 견해라고 생각됩니다. 인간 사회가 다 그렇지 않습니까? 모든 게 '권력'을 중심으로 움직이지 않느냐는 겁니다. 누가 더 많은 권력을 갖고 상대를 얼마나 더 강하게 지배하느냐, 혹은 어떻게 하면 상대보다 조금이라도 더 우위에 있느냐가 인간들이 서로에게 갖는 가장 큰 관심이라는 것입니다. 이것을 쇼펜하우어나 니체가 주장한 '권력에의 의지will to power'의 발현이라고 봐도 무방하다고 생각합니다. 이것은 우리 인간에게는 심성의 가장 깊은 곳에 권력에 대한 무한한 동경이 있다는 이야기인데, 우리가 특히 인간 정부가 UFO 문제를 대하는 태도가 이것과 연관되는 것 아닐까 하는 생각을 해봅니다. 그러니까 정부들은 지금까지 국민들의 모든 것을 잘 통제해왔는데 UFO가 나타나면서 그 통제권을 빼앗길 것 같으니까 애써 무시하는 것이라는 지 교수님의 의견에 저도 십분 동의합니다.

그다음에 말씀한 '교만'에 관한 문제도 재미있습니다. 사람들이 외계인을 대하는 태도에는 분명히 교만이 깔려 있는 것 같습니다. 물론 외계인들이 우리보다 훨씬 앞선 존재라는 견해에 대해서도 많이들 공감을 표합니다. 그런데 생각은 그렇게 하는 것 같은데 정작 표현할 때에는 그렇게 하지 않으니 재미있습니다. 조금 다르게 말하면, 사람들이 개인적으로는 외계인들이 우리보다 훨씬 우월한 존재라고 생각하는데, 집단적으로는 외계인을 그렇게 높이 평가하는 것 같지 않습니다.

그 대표적인 예가 바로 외계인을 다룬 영화들입니다. 지금까지 외계인이 등장한 영화를 보면, 물론 외계인을 좋게 그린 영화가 없는 것은 아니지만 대다수는 사악하면서도 열등한 존재로 그린 경우가 많았습니다. 외계인을 우호적으로 그린 영화는 스필버그 감독의 〈미지와의 조우Close Encounters of the Third Kind〉나 〈E.T.〉 등인데, 이 영화는 조금 동화 같다고나 할까요? 성인들이 보는 영화 같지는 않습니다. 이보다는 〈맨인블랙〉이나 〈화성침공〉, 〈에이리언〉, 〈인디펜던스데이〉처럼 외계인들이 지구를 습격하는 영화들이 더 인상에 남습니다. 그런데 이런 영화를 보면 외계인들이 이상한 동물 모습에 극악한 존재로서 지구인들을 사정없이 공격하는 것으로 나옵니다. 생긴 것이 꼭 지옥에나 있을 법한 악마의 모습입니다. 그런데 그렇게 극악한 외계인들이 결국에는 인간의 집요한 공격에 격퇴를 당합니다.

물론 이런 영화들의 줄거리는 다 허구이긴 합니다만, 이해되지 않는 면이 너무나 많습니다. 아주 먼 외계에서 온 존재들이라면 우리보다 월등히 발달된 과학과 문화를 갖고 있을 텐데, 그 생김새는 그것과는 거리가 먼 악마 같은 모습이라는 것입니다. 어떻게 그렇게 흉측하게 생긴 존재가 엄청나게 진보된 문명의 주인공이 될 수 있을까요? 원리대로 하면 그런 문명의 주인공들은 우리 인간들보다 더 아름다운 진보된 모습을 갖고 있을 텐데, 하나같이 인간보다 한참 하등한 동물 모습을 하고 있습니다. 그리고 처음에는 인간들이 그들에게 밀리지만 종국에는 승리를 하는 것으로 나옵니다. 이것도 얼마나 가소로운 발상입니까? 아니, 수많은 광년을 헤치고 이 작은 지구까지 온 존재들이 어떻게 지구인들에게 진다는 말입니까? 인간은 기껏해야 이제 달까지밖에 가지 못했는데 말입니다.

그래서 저는 지 교수님이 이야기한 대로 이것은 인간의 교만이라고 보고 싶습니다. 아니면 무지한 처사라고도 할 수 있겠습니다. 우리 인류도 봉건시대 같은 옛날에는 모르는 인종들에 대해서는 아주 무섭게 묘사하지 않았습니까? 다른 인종을 모두 귀신처럼 이상한 존재로 묘사하곤 했지요. 같은 논리를 외계인에게도 적용시켜, 외계인들은 워낙 그 정체를 알 수 없으니 공포심에 무조건 무섭게만 그리는 것 아닐까 하는 생각이 듭니다.

QUESTION **하지만 외계인이나 UFO의 존재가 가능하다고 보는 사람들도 꽤 있지 않습니까?**

최준식 맞습니다. 사람들이 이야기를 잘 안 해서 그렇지 UFO에 대해 관심을 갖고 그 존재를 인정하는 경우가 많더군요. 보통 때에는 UFO에 대해 말을 잘 안 하니까 상대방이 UFO를 어떻게 생각하는지 전혀 모르고 있다가 어느 날 우연한 대화 끝에 상대방도 UFO에 관심을 많이 갖고 있었다는 것을 알아차릴 때가 많았습니다. 그런데 보통 사람들이 UFO를 인정하는 근거가 그다지 탄탄하지는 않더군요. 그저 '이 광활한 우주에 인간만이 존재한다는 건 공간의 낭비다. 따라서 다른 곳에도 생명체가 살고 있다고 봐야 한다' 정도로만 생각하더라고요. 그러니까 깊이 생각해보지는 않고 상식적인 수준에 그치고 있는 것이지요.

지영해 사실 어느 여론조사에 의하면 미국인의 80퍼센트 이상이 UFO의 존재를 인정한다고 해요. 한국은 어떨지 모르겠지만요.

최준식 지 교수님이 인용한 그 조사 자료는 어떤 것인지 모르겠군요. 제가 알기로는 2000년대 초에 미국 CNN에서 조사했더니, 성인 남녀 54퍼센트가 UFO의 존재를 믿고 있는 것으로 나왔다고 하던데요. 우리나라에도 UFO 관련 모임이 적잖게 있더라고요. 성시정 박사가 2003년에 조사한 바에 따르면, 100명 이상의 회원을 확보하고 있는 UFO 관련 사이트가 50~60개 정도 있고 동호회도 20~30개 정도에 이른답니다. 해외에는 수를 파악할 수 없을 만큼 많은 오프라인과 온라인 공동체가 있고요. 얼마나 많은 한국인이 UFO의 존재를 믿고 있는가에 대한 조사는 아직 체계적으로 이루어지지 않았는데, 어떤 UFO 사이트에서 비공개적으로 투표를 했더니 약 86퍼센트가 긍정적으로 답했다고 하더군요. 그러나 이 결과는 UFO 사이트까지 온 사람들을 대상으로 한 것이니 그다지 믿을 만하지는 않은 것으로 보입니다. 그 사이트까지 온 사람이라면 대부분 UFO에 대해 긍정적으로 생각하고 있을 테니까요.

지영해 저는 2013년 10월, 앞에서 말씀드린 데이비드 제이컵스 박사를 초빙해 옥스퍼드대학에서 강연을 하게 한 적이 있습니다. 비록 청중의 수는 많지 않았지만 심리학자, 물리학자, 공학자 등 교수와 대학원생들이 다수 참석했습니다. 그러니 지식인층에도 깊은 관심을 갖고 이 문제를 지켜보는 사람들이 있다는 증거죠. 하지만 많은 사람들은 아직도 사회적 분위기나 남들의 눈을 의식해 겉으로 자유롭게 관심을 표명할 수는 없는 상황인 것이죠. UFO를 목격하는 사람들이 계속 늘어나고 있는 한, 앞으로 이처럼 진솔하게 관심을 갖는 학자와 일반인들이 점점 늘어날 것이라고 생각됩니다.

지금 UFO에 의한 인간 납치를 기정사실로 받아들이고 있는데,

그렇게 성급하게 받아들여도 되는 건가요?

왜 우리가 피랍 현상을 사실로 받아들여야 하는지, 실례와 증거가 있습니까?

우리보다 훨씬 문명이 앞선 외계인들이라면 마음만 먹으면 언제든지

지구를 정복할 수 있는데, 왜 그렇게 하지 않습니까?

최준식
×
지영해
×
×
×
×
×
×
×
×
×
×
×

take. 1

지금 무슨 일이 벌어지고 있는가?

QUESTION **UFO는 정확히 무엇을 말하는 겁니까? 꽤 오랫동안 목격담이 있어 왔는데, 어디까지 믿을 수 있는 것입니까?**

지영해 UFO란 단어부터 정확하게 정의하고 시작해야 할 것 같습니다. UFO란 문자 그대로 '미확인비행물체Unidentified Flying Objects'란 뜻이지요. 보통의 비행체와는 다르게 보이는 이상한 비행체들이 모두 이 범주에 들어갑니다. 심층조사를 해보면 90~95퍼센트 정도가 설명 가능한 현상입니다. 즉, 인간이 만든 비행체나 기구 혹은 자연현상, 기후현상을 착시했을 가능성이 있는 것이죠. 문제는 나머지 5~10퍼센트입니다. 이들은 인간의 기술이나 자연적인 현상이라고 보기에는 불가능한, 그야말로 어떤 방식으로도 설명이 안 되는 것들이죠. 결국 인간 이외의 지성이 개입된 현상이라고 결론을 내릴 수밖에 없다는 것입니다. 따라서 '정말 UFO가 있는가?' 하는 질문은 이 5~10퍼센트의 현상을 놓고 말하는 것입니다. 즉, 인간이 아닌 다른 지성에 의해 만들어지고 조작되는 비행체가 존재하는가 하는 문제, 나아가 결국 인간이 아닌 다른 앞선 문명이 우리를 찾아오고 있는가 하는 질문입니다.

한 가지 재미있는 견해는 UFO들이 미국이나 영국, 구소련 등 강대국들이 비밀리에 개발한 첨단 비행체들이라는 이야기입니다. 그런데 이 견해야말로 UFO를 설명하는 데 가장 적절치 못한 견해입니다. 아주 믿을 만한 UFO 목격이 1년에 수도 없이 보고되고 있습니다. 강대국들이 개발하는 첨단 비행체가 몇 가지나 되며, 1년에 몇 번의 비행이 있는지 자문해봐야 합니다. 그리고 이들이 비밀리에 개발하고 있는 비행체라면 사람들이 우글거리는 도심 상공이나 공항 등에 버젓이 나타날 리가 없습니다. 그리고 UFO는 1920년대나 1930년대에도 목격되었는데, 그 당시 아무리 비밀 군사기술이 발달했다 해도 마하 7~8의 속도를 갖는 비행기를 개발할 수 있는 기술은 없었습니다. 또 1950년대와 1960년대, 1970년대에 나타났던 UFO가 지금쯤이면 개발되어 사용되어야 하는데, 원형이나 시가 모양, 원반 모양의 군용 비행체가 실제로 사용되고 있다는 보고는 어디에도 없습니다. 비행체가 두세 대 있다가 하나로 합쳐진다든가 혹은 한 비행체가 분리되어 두세 대로 나뉘는 군용 비행체를 개발했다는 이야기 또한 어디에도 없습니다. UFO가 비밀리에 개발되고 있는 군사 비행체라는 주장은 전혀 신빙성이 없습니다.

최준식 이 문제에 대해서는 저도 지 교수님과 같은 생각입니다.

그런데 여기서 답을 좀 더 정확히 할 필요성이 느껴지는군요. 우리는 우리의 능력으로는 알 수 없는 미확인비행체가 실제로 존재하고, 그 안에 탑승해 있을 것으로 보이는 외계인이 실제로 존재하는지 어떤지는 모릅니다. 그리고 이 비행체가 지구가 아닌 다른 별에서 아주 먼 여행을 통해 이곳에 도달했는지에 대해서도 잘 모릅니다. 뿐만 아니라 그들이 왜 지구에 출몰하는지, 아니면 그들이 정말 우리 지구인들을 납치해 가서 생체실험을 했는지도 잘 모릅니다. 숱한 증언만 있을 뿐이지 그 실상은 알 수 없으니까요. 이렇게 우리가 이 미확인 혹은 확인 불능의 비행체에 대해서 정확히 아는 것은 하나도 없습니다. UFO 연구자들이 많은 설을 제시하지만 그것은 전부 설이지 그 이상도 그 이하도 아닙니다.

이처럼 이 비행체에 대해 제대로 아는 것이 아무것도 없다 하더라도 하나는 확실합니다. 지 교수님이 말씀한 대로 문제는 그 10퍼센트의 사례입니다. 다른 것은 다 불확실해도 그 10퍼센트의 사례에 나타나는 물체는 확실히 존재한다는 것입니다. 인간의 능력으로는 절대로 할 수 없는 움직임을 보이면서 신출귀몰하는 그 비행체는 분명히 존재합니다. 갑자기 나타났다 사라지는가 하면, 인간 세계에서는 목격할 수 없는 찬란한 빛을 발하기도 하고, 또 여러 비행체가 합체되기도 하고 나눠지기도 하는 등 신이한 능력을 보이는 그 물체에 대해서는 어느 누구도 그 존재를 부정할 수 없을 것입니다. 속도는 어떻게 그리도 빠른지 그것도 알 수 없습니다. 많은 영상이 이 비행체의 속도에 대해 증언하고 있습니다. 앞에서 언급한 〈문화일보〉의 사진만 봐도 알 수 있습니다.

이 사진은 김선규 기자가 24밀리미터 렌즈가 달린 니콘F-4 사진기로 셔터 속도를 1/250분에 맞춰놓고 찍은 것인데, 이 사진기는 1초에 3~4컷을 연속해 찍을 수 있답니다. 전문가가 아니면 좀처럼 쓰지 않는 사진기지요. 그렇게 3~4장을 찍었는데 그 가운데 한 장에만 유일하게 이 물체가 찍혔다고 합니다. 그러니 이 비행체가 얼마나 빠른 겁니까? 인간이 만든 비행체라면 이 3~4장의 사진에 다 찍혀야 하는데 그렇지 않았던 것입니다. 전문가들이 그 속도를 계산해보니 초속 108킬로미터이고, 이 비행체의 직경은 450미터에 달했다고 합니다. 초속 108킬로미터면 음속의 318배나 되는 속도이니 얼마나 빠른지 알 수 있습니다. 서울에서 부산까지 단 3초에 가는 어마어마한 속도입니다. 그러나 정확한 속도보다 그런 속도는 인간이 만든 물체는 절대로 낼 수 없다는 점에 주목해야 합니다. 그래서 질문은 간단합니다. 이런 사진에 나온 비행체는 도대체 무엇이냐는 것이지요.

지영해 제가 제일 관심 있게 보는 UFO 데이터는 비행기 조종사 및 지상 관제사들의 증언, 항공기 및 지상 레이더 자료, 그리고 경찰이나 군 인력 등 전문적으로 훈련받은 사람들로부터 나오는 보고서입니다. 이미 20세기 중반 이전부터 전투기나 민항기 조종사들은 비행 중 당시나 현재 기술로는 상상할 수 없는 비행기술을 보이는 신비한 비행체들을 목격해왔습니다. 모양새도 원형,

시가형, 원통형, 디스크형 등 다양하지만, 공통적인 것은 최 교수님이 말씀한 것처럼 소리도 내지 않고 순간이동을 하거나 정지하고, 그리고 엄청난 속도로 비행하다 순간적으로 90도를 꺾어 방향을 바꾸는 등의 비행 행태를 보인다는 것입니다. 동시에 인간 조종사들은 보통 9G 이상의 중력을 지속적으로 받으면 감당할 수 없는데, 이들 UFO들은 경우에 따라 20G 이상으로, 즉 인간이라면 살아남기 힘든 속도로 가속을 하기도 합니다.

미국에 본부를 둔 NARCAP The National Aviation Reporting Center on Anomalous Phenomena가 수집한 데이터를 보면 조종사, 항공 관제사, 군·민항기 공항 레이더 기술자들이 보고한 UFO 목격 혹은 출현이 1940년대부터 2000년까지 1,200여 건이 넘습니다. 이것은 공식적으로 보고된 것만 계산한 것인데요. 여기에 보고되지 않은 대다수 목격 건을 더하고, 2000년부터 지금까지의 수도 포함한다면, 이들 전문가 집단에 의해서만도 수천 건 이상 UFO 목격이 이루어졌을 것으로 생각됩니다. 이들은 조종사들이 비행 중 직접 육안으로 관찰한 것뿐만이 아니라 상당 부분은 비행기나 지상 관제소 혹은 군사시설의 레이더에 그 기록이 남아 있습니다. 이런 기록을 전체적으로 보면, 우리 지구 문명이 만들지 않은 비행체가 지구의 하늘을 수시로 날아다니고 있다는 결론에 이르게 됩니다.

QUESTION **강대국들은 이들의 존재를 알고 있다, 혹은 심지어 추락한 이들**

비행체의 파편이나 외계인의 사체도 갖고 있다……, 이런 말을 믿을 수 있습니까?

지영해 이에 관해서는 속칭 로스웰 사건이 대표적인 케이스인데, 1947년 미국 뉴멕시코주에 UFO로 추정되는 비행체가 추락해 미국 정부가 부서진 비행체 일부와 외계인의 사체를 확보하고 있다는 얘기지요. 그런데 이 사건에 대한 설명에서는 몇몇 문제점이 발견됩니다. 우선, 그렇게 앞선 문명이 만든 비행체가 문제를 일으킬 수 있을까 하는 것인데, 결론적으로 말씀드리면, 우리를 방문하고 있는 그들이 누구인지는 모르지만 완벽하지는 않다는 것입니다. 이들은 실수할 수 있는 존재입니다. 피랍 현상을 연구하다 보면 외계인들이 범하는 몇 가지 실수를 발견할 수 있습니다. 그렇다면 그들이 운행하는 비행체도 완벽하지 않을 수 있고, 또 추락할 수도 있겠지요.

최준식 저는 이 점에서 지 교수님과 의견을 달리하는데요. 외계 비행체가 추락하지도, 외계인들이 실수를 하지도 않을 거라고 생각합니다. 저는 저들의 비행체가 물질로 구성되어 있다고 생각하지 않기 때문에, 그런 비행체는 추락할 수 없다고 보는 것입니다. 그러니 비행체의 파편이 나왔다는 이야기도 믿지 않습니다. 또 외계인이라는 존재가 지닌 몸도 인간의 몸처럼 물질로 구성되어 있다고 생각하지 않습니다. 그러니 외계인의 사체를 보관하고 있다는 설도 믿을 수 없는 것이지요. 이 점에 대해서는 뒤에서

UFO의 정체를 본격적으로 논할 때 다시 이야기하겠습니다.

그런데 지 교수님은 외계인들이 지구인들을 납치하는 과정에서 실수를 하는 경우가 있다고 하셨는데, 그것이 아주 궁금하군요. 이 점에 대해서도 나중에 이야기해주시기 바랍니다.

지영해 네, 그렇게 하기로 하지요. 하지만 저는 개인적으로 UFO 비행체나 외계인 사체의 확보 같은 것은 연구 대상으로 삼고 있지 않습니다. 로스웰 사건 같은 경우, 당시 관계자 몇 명이 퇴역 후나 죽기 직전 증언을 하는 등 상황적으로 믿을 만한 증거들이 있기는 합니다. 하지만 정부가 개입되어 있는 경우 그런 루머의 사실성이나 허구성을 입증할 수 있는 자료와 증거를 찾기가 매우 어렵기 때문에, 연구 노력에 비해 그 결과는 부실하기 쉽습니다. 이것이 소위 말하는 '음모론(정부나 비밀 공공기관이 어떤 정보를 왜곡하거나 숨기고 있다는 주장)'을 공식 연구의 주제로 삼을 때 부딪히는 가장 큰 문제입니다. 아무리 좋은 자료를 찾아 증거로 제시해도 결국 당사자인 군 당국이나 정부 당국이 부정해버리면 아무 효과가 없는 것이 사실입니다. 따라서 저는 개인적으로 '고발성 연구investigative research'는 피하고 있습니다. 물론 그런 연구가 그 자체로 가치가 없다고 생각하는 것은 아닙니다.

최준식 그런데 제가 보기에는 이 질문은 조금 수정되어야 할 것 같습니다. 미국이나 영국, 프랑스 같은 선진국들이 외계인들의 존재를 알고 있다고 하기보다, 지금까지 많은 사람들이 UFO로 추정되는 물체나 그 물체에 타고 있었을 것으로 믿어지는 존재들을 만났거나 목격했다는 것을 알고 있다고 해야겠지요. 잘 아시는 것처럼, 이 나라들은 지난 수년 동안 보고된 UFO 목격담을 정보자유화법에 의거해 2000년대 중반 정부의 해당 부처 홈페이지에 공개했습니다. 영국 국방부는 1만여 건이나 되는 UFO 목격담을 분석한 보고서를 자신들의 홈페이지에 올렸습니다. 그런가 하면 프랑스는 지난 30여 년간 모은 UFO 관계 자료와 외계인 관련 자료를 6천여 건이나 국립우주연구센터CNES의 홈페이지를 통해 공개했습니다. 저도 이때 재빨리 이들의 홈페이지에 들어가 그 자료들을 보았는데, 지금 제 기억으로는 특별한 사진은 없었던 것 같습니다. 글쎄요, 제가 자료 찾는 데 능숙하지 않아 제대로 찾지 못했는지도 모르겠습니다. 그러나 만일 거기에 특출난 자료가 있었다면 UFO 전문가들이 반드시 찾아냈을 겁니다. 그런데 그런 말이 없는 걸 보면 획기적인 사진이나 영상은 없었나 봅니다.

지영해 최 교수님이 말씀한 각국 정부의 UFO 관계 문서 공개와 관련해 말씀드리고 싶습니다. 최 교수님께서 지금 몇몇 관련 정부가 외계인의 존재를 알고 있다기보다는 다만 UFO 목격자들이 신고한 기록을 공식적으로 보관하고 있는 수준이라고 하셨는데, 각국 정부들의 공식적인 입장에 관한 한 대부분 이 정도 수준에 머물러 있는 것이 현실입니다. 하지만 또 몇몇 나라는 UFO 현상 뒤에 어떤 지성적인 존재가 있음을 인정하는 태도를 취하고 있기도 하지요. 예를 들면 영국이 그런 경우입니다.

영국은 국방부 내에서 1996년부터 컨다인 프로젝트The Condign Project라는 이름하에 특급비밀에 속하는 수준에서 본격적인 UFO 연구를 수행했습니다. 2000년에 최종 보고서가 작성되었는데, 2005년 1월 1일 발효된 정보자유화법에 따라 UFO 연구가들이 압력을 가하자 국방부는 2006년 5월 15일 465페이지에 달하는 보고서 전체를 공표했습니다. 이것이 소위 말하는 컨다인 리포트지요. 2014년 10월 30일 현재 이 보고서의 요약본을 http://disclosureproject.org/docs/pdf/uap_exec_summary_dec00.pdf에서 읽을 수 있습니다.

이 리포트를 읽어보면 몇 가지 특이한 점이 있습니다. 예상대로 영국 정부는 UFO를 어떤 지능 있는 존재가 개입된 것이 아닌 자연적인 현상 비슷하게 취급하고, 이름도 UFO가 아닌 'UAPUnidentified Aerial Phenomenon' 즉 '미확인대기현상'이라고 불렀지요. UFO라는 대중적인 단어를 피하고 UAP라는 기술적·과학적 단어를 사용함으로써 사람들에게 좀 더 진지한 이미지를 주려고 노력한 것입니다. 하여튼 국방부의 연구에 의하면, UAP 현상의 주원인은 대기 중 전기적으로 충전된 플라스마 장場이 상호작용하면서 그런 시각적 현상이 나타난다는 것입니다. 그런 것이 인간 대뇌의 측두엽에 영향을 미치면서 여러 설명할 수 없는 신비하고도 환각적인 경험을 하게 만든다는 것이지요.

그런데 곧바로 아주 재미난 얘기를 합니다. 왜 이런 플라스마 장이 UAP와 같은 형태의 물체로 나타나는가에 대해서는 아직

과학적으로 설명되지 않는다는 것이죠. 즉, 플라스마 장이 UAP 현상의 본질이다 말해놓고, 그게 어떻게 그런 것인지는 모르겠으니 묻지 말라는, 아주 웃지 못할 얘기를 하는 겁니다. 한 가지 모르는 현상을 또 다른 모르는 현상으로 설명하고자 하는 것이지요. 이런 것이 아주 영국적인 화법입니다. 왜 그런지는 곧 말씀드리겠습니다.

최준식 아니 UFO 현상을 대기 현상으로 설명한다고요? 게다가 측두엽까지 동원하고요. 측두엽에 자극이 가해지면 그런 신비한 환각을 경험한다는 것은 이미 잘 알려진 사실입니다만, 그 복잡한 UFO 현상을 측두엽만 가지고 설명하는 것은 무리가 있다고 봅니다.

지영해 중요한 것은 이 보고서가 UAP에 대해 다음과 같은 관찰과 결론을 내놓고 있다는 것입니다. 이들 UAP는 공중에 떠 있다든가, 착륙한다든가, 이륙한다든가, 어마어마한 속도로 가속을 하거나 사라진다든가 하는 능력이 있다는 겁니다. 혹은 이들이 갑자기 항로를 바꾼다든가 아니면 인간이 조종하건 자동으로 조종하건 이제까지 알려진 비행기나 미사일이 흉내낼 수 없는 유체역학적인 비행 행태를 보인다는 얘기죠. 그러면서 이 보고서는 이런 점에서 UAP를 군사적 목적에 사용할 수 있도록 연구하는 것이 중요하다고 강조하는 한편, 이들과 조우하면 조종사들은 자극하거나 추월하지 않도록 조심해야 한다고 조언하고 있습니다.

참 재미있지요? 처음에는 UFO를 대기 중의 자연적인 현상으로 보는 듯하더니, 실질적인 행태 묘사에 있어서는 거의 고도의 문명이 만든 비행체로 취급하고 있으니 말입니다. 참 영국적인 화법이구나 하고 느낀 것은, 영국 국방부가 정부를 대표하여 보고하는 것이니, 외계에서 온 다른 생명체가 만든 것이라고는 말하지 못하고 어쩔 수 없이 그저 자연적인 현상이라고 일축하는 것입니다. 그러면서도 다른 한편으로는 이들 현상이 무작위적인 자연적 확률에 의해서가 아니라 고도의 진화된 지능이 아니고서는 보여줄 수 없는 방식으로 비행한다고 말함으로써, 사실상 UFO가 외계 생명체에 의해 벌어지는 현상임을 암시하고 있는 것이죠. 앞에서 말씀드렸듯이, 국방부는 전기적으로 충전된 플라스마 장이 왜 그런 형태의 비행체로 나타나는지 설명하라고 하면 자기들도 모르겠다고 나가떨어진 상태입니다. 쉽게 말하면, 보고서를 읽는 독자들에게 행간의 의미를 찾아 본뜻을 제대로 읽어달라는 주문 같습니다.

물론 영국 정부가 UFO 잔해나 외계인 사체를 갖고 있다는 것은 아닙니다. 하지만 이건 영국 정부가 그저 사람들이 보고한 UFO 목격담을 수집하여 알고 있다는 정도를 넘어 정부 자체가 그들이 수집한 방대한 데이터로부터 이미 하나의 결론에 이르렀다는 것을 보여주는 것입니다. 즉, 영국 정부는 그것이 무엇인지는 모르나 최소한 고도의 문명이 만든 비행체가 영국 상공을 날아다니고 있다는 결론에 이른 것입니다.

최준식 영국 정부가 자신들의 태도에 모순점이 있다는 것을 알고 있는지 궁금합니다. 좌우간 UFO를 대기 현상으로 설명하는 것은 매우 진부한 태도입니다. 한물간 설명이라는 얘기지요. 영국 같은 선진국에서 아직까지 그런 '구닥다리' 설명을 하고 있다니 안타깝습니다.

그런데 재미있는 것은, 미국 대통령 중에도 UFO를 목격한 사람이 있다는 것입니다. 바로 지미 카터인데, 그는 1969년에 UFO를 목격하고는 자신이 대통령이 되면 UFO 관련 자료를 공개하겠다고 밝혔다고 합니다. 그리고 대통령이 된 뒤 실제로 그 자료들을 공개했는데, 그때에도 별다르게 새로운 것은 없었던 것 같습니다. 그의 뒤를 이어 대통령이 된 레이건도 UFO를 목격했다고 전해집니다. 주지사로 있던 시절 타고 가던 비행기 안에서 UFO를 목격했다는 겁니다.

물론 이렇게 공개는 했지만 결론은 항상 똑같았습니다. UFO는 실재하지 않는다는 것이지요. 그런데 외계인이나 그들의 비행체 존재 여부에 관해 이야기할 때 가장 주목해야 하는 사건은, 앞에서 인용한 로스웰 사건입니다. 이 사건은 하도 유명해 더 소개할 필요도 없습니다. 그런데 그곳에 추락한 비행체가 UFO다 아니다 말이 많았지 않습니까? 그 비행체와 거기서 수거된 외계인의 사체가 그 말 많은 51구역Area51*에 보관되어 있다느니 하면서 말이지요. 그 논쟁은 아직도 이어지고 있어요. 저도 그 사건을 처음 접했을 때 긴가민가했습니다. 분명히 그 추락 물체가 인간이 만든 것이 아닌 것 같은 냄새는 나는데 결정적인 증거가 보이지 않았으니까요.

의심스러운 면도 꽤 발견되었습니다. 우선 비행체가 떨어진 것부터가 그랬지요. 제가 생각하기로는, 앞에서 말한 것처럼 UFO는 그렇게 추락하는 물체일 수 없습니다. 물질로 만들어진 것이 아닌 듯한 특성들을 보이기 때문이지요. 그런 대표적인 이유로 UFO의 비행 패턴을 꼽을 수 있습니다. 인간들의 예측을 불허할 정도로 자유자재로 비행하는 물체가 어떻게 물질로 만들어졌겠느냐는 것입니다. 이 점도 나중에 상세하게 다루겠습니다. 어떻든 그렇게 신출귀몰하는 비행체가 추락한다는 건 받아들일 수가 없습니다.

그런 판국에 외계인의 사체라니요? 비물질 비행체에 타고 있는 어떤 생명체가 어떻게 물질적인 몸을 가질 수 있겠습니까? 그런데 왜 십수 년 전에 이 비행체를 타고 온 외계인의 사체를 해부하는 동영상이 한동안 유행하지 않았습니까? 저도 호기심에 그

● 51구역은 미국 네바다주에 위치한 군사작전 지역으로, 일반인의 출입이 통제되어 있다. 정식 명칭은 그룸레이크(Groom Lake) 공군기지로, 위도 51도에 위치하고 있어 통상 '51구역'이라 불린다. 1955년 정찰기인 U-2기를 최초로 네바다주에 보내면서 설립된 곳으로, 이후 신무기의 개발 및 시험을 위한 비밀 기지로 건설되었다. 그동안 미국 정부는 해당 기지에 대해 노코멘트했으나, 2013년 6월 중앙정보국(CIA)의 355페이지짜리 기밀문서가 공개되면서 해당 지역의 실체를 인정했다. 이 비밀 기지가 특히 화제를 모은 이유는, 이곳에서 UFO를 봤다는 제보가 많다 보니 외계인 연구, 비밀 신무기 연구 등을 위해 설치했다는 주장이 끊임없이 제기되어 왔기 때문이다. 추락한 UFO의 잔해가 이곳으로 옮겨져 연구되고 있다, 로스웰 사건과 연관되어 있다, '그레이'라 불리는 외계인들이 있다 등 갖가지 추측이 난무하며 UFO 마니아들로부터 큰 관심을 끌고 있다. 실체가 공개된 지금도 51구역의 부지 내에는 출입이 완전히 금지된 것은 물론이고, 접근조차 할 수 없다.

영상을 보기는 했습니다만, 보자마자 가짜라고 생각했습니다. 왜냐하면 앞에서 밝힌 것처럼 외계인들은 물질적인 몸을 갖고 있지 않다고 믿었기 때문입니다. 제 생각에 그들은 물질과 비물질의 상태를 마음대로 오갈 수 있는 존재로 보이는데, 굳이 말하자면 그들의 몸은 물질보다는 에너지에 가까운 것 같습니다. 그래야 외계인들에게 납치당한 사람들의 증언처럼 벽을 투과해서 들어오는 외계인의 상태가 설명이 됩니다. 글쎄요, 이 설명은 피랍자들의 증언을 사실로 받아들일 때에만 성립이 되겠지만 말입니다. 그러나 어떻든 비물질로 되어 있는 우주선에 물질적인 몸을 가진 존재가 타고 있었다는 것은 있을 수 없는 일이라고 생각합니다.

그런데 2007년 로스웰 사건을 담당했던 공군 장교의 유언장이 공개되면서 이 사건이 새로운 국면을 맞이합니다. 월터 하우트라는 이 사람은 당시 공보장교로 근무하면서 보도자료를 만들었다고 합니다. 그가 죽은 것은 2005년이었는데, 그는 유언장을 자신이 죽은 지 2년 뒤에 공개하라는 부탁을 남깁니다. 굉장히 조심스러웠던 것이지요. 그가 죽자마자 바로 유언장을 공개하면 그에게나 가족들에게 위해가 가해지는 등 문제가 될 소지가 있다고 생각한 것 같습니다. 사람들이 UFO 문제만 나오면, 특히 권력을 가진 자들은 입을 틀어막기 바쁘니까 자신의 이름이 완전히 잊혀지는 사망 2년 뒤에야 유언장을 공개하라고 한 것 아닐까요?

그는 유언장에서 당시 비행체의 파편뿐만 아니라 외계인의 사체까지 보았다고 말한 것으로 전해집니다. 그 비행체는 길이가 3.6~4.5미터였고 폭은 1.8미터 정도 되었다고 하는데, 창문이나 랜딩기어 장치 등이 전혀 없었다는 거예요. 그는 또 이 비행체의 파편이 지구상에는 존재하지 않는 금속으로 만들어진 것이라고도 썼습니다. 탑승 외계인에 대해서는, 두 명이 있었는데 둘 다 약 열 살 정도의 어린이 키, 즉 1.2미터 정도였고 머리가 굉장히 컸다고 합니다. 그 외에도 이 유언장에는 이 사건을 전체적으로 은폐하기 위해 고위층으로부터 압력이 들어왔고 충돌한 지점을 감추기 위해 급하게 보고서가 작성되었다는 이야기도 있었습니다.

이것이 사건의 전모인데, 저는 심정적으로는 이 유언장의 내용을 믿고 싶습니다. 그렇지 않습니까, 얼마나 알리고 싶었으면 한평생 혼자 몰래 가슴속에 간직하고 있다가 유언장의 형식을 빌려 이야기를 하고, 그것도 불안해 죽고 나서 2년 뒤에나 발표를 하라고 했겠습니까? 이런 것을 보면, 그는 대단히 신중하고 믿음이 가는 사람입니다. 그런 사람이 죽는 마당에 뭐가 아쉬워 거짓말을 하겠습니까? 사람이 죽을 때에는 착해지면 착해지지 악해지는 법은 별로 없습니다. 그러니 이 사람의 증언을 믿어야 하지 않을까요?

그런데 문제는 그가 유언장에서 밝힌 것과 앞에서 말한 제 가설이 맞지 않는다는 것입니다. 그는 UFO나 외계인이 모두 물질로 이루어졌다고 생각하는데 저는 그렇지 않을 것이라고 생각하니 말입니다. 이 점은 앞으로 더 생각해보아야 할 것 같습니다.

지영해 재미있는 딜레마에 빠지셨군요. 죽음을 앞둔 증언자의 진실성을 믿어야 하나, 아니면 가설적인 것이긴 하나 외계인의 무오류성을 믿어야 하나. 글쎄요, 저로서는 간혹 인간이 죽음을 앞두고도 진실되지 못할 수도 있을 것 같고요, 동시에 하늘 아래 절대자인 신 이외에는 어떤 존재도 필연적으로 실수를 할 것이라는 생각도 듭니다. 하여튼 최 교수님이 어떤 결론에 이를지 기대가 되네요.

최준식 저는 그런 '타자로서의 절대존재the absolute other'는 없다고 생각합니다만, 이것은 우리의 주제와 관계없으니 넘어가도록 하지요.

지영해 아, 저도 신은 타자로서의 절대존재로는 있을 수 없다고 봅니다. 신은 보는 자와 보여지는 자, 그리고 봄의 과정이 하나가 되어 그 속에서 완전성과 불완전성을 동시에 포괄하는 초월적 아름다움으로서만 존재하지요. 그 아름다움에는 흠이 없겠죠. 이 흠은 지적 무지와 기술적 실수까지 포함하는 말입니다. 외계인은 아직 이런 존재는 아닌 것 같은데요. 사실 신의 개념은 모든 대화와 추론, 그리고 지식 탐구의 방법에 전제로 작용하기 때문에 반드시 다루어야 하지만, 너무 방대한 주제니까 여기서는 넘어가는 게 좋겠습니다.

최준식 사실 이 로스웰 사건과 관계해서 저는 개인적으로 재미있는 경험을 했습니다. 그곳에 떨어졌다고 하는 비행체를 본 사람을 만나 대화를 해본 것입니다. 데이비드 어데어David Adair라는 사람인데, 1997년 5월 '미내사(미래를 내다보는 사람들)'라는 단체에서 개최한 제1회 국제신과학심포지엄에서 처음 만났습니다. 이 심포지엄은 수원에 있는 아주대학교에서 열렸는데, 당시 UFO 연구로 세계적으로 저명한 미국의 레오 스프링클Leo Sprinkle 교수도 참석했습니다. 스프링클 교수와도 대화를 나누었는데, 아주 솔직한 분이라는 인상을 받았습니다. 전공은 UFO와는 별로 관계없는 심리학인데 어렸을 때 UFO를 목격한 적이 있어 연구를 하게 되었다고 하더군요.

재미있는 사람은 바로 어데어입니다. 대화를 시작하자마자 그가 먼저 자신의 아이큐가 얼만지 아느냐고 묻더군요. 그걸 제가 어떻게 알겠어요? 그래서 가만히 있었더니 자신의 아이큐가 무려 190이라고 하는 거예요. 그러면서 자기는 벌써 10대에 로켓을 혼자 설계, 제작하고 실험까지 해서 공군 당국을 놀라게 했다더군요. 그리고 그 기술 중 일부가 군용기 구동 장치의 중요한 개량 기술로 채택되었다는 겁니다. 사실 저는 이 구동 장치가 무엇인지는 잘 모릅니다. 엔진과 관계된 것이라는 정도. 1997년이면 벌써 20년 가까운 세월인데, 아직도 그와 나눈 대화가 생생합니다. 그만큼 인상 깊었다는 얘기지요. 어쨌든 그래서 그는 어렸을 때 바로 해군으로 스카우트당해 거기서 계속 연구를 했다고 하더군요. 그러면서 자기가 세계에서 가장 빠른 엔진을 만들었다면서 그 원리를 설명해주는데, 그때부턴 그의 설명이 너무 전문적이라 영어를 전혀 알아듣지 못하겠더라고요.

어떻든 로스웰 사건과 관련해 그가 한 말을 소개하겠습니다. 그는 자신이 그 말 많은 51구역에 가서 사람들이 일반적으로 로스웰 사건과 연관시키는 추락 비행체를 보았다고 하더군요. 그래서 어떤 비행체더냐고 물었더니 글쎄 그 비행체가 자신이 설계한 엔진을 장착하고 있었다는 거예요. 다시 황급하게 물어보았죠. 외계인 같은 존재는 보았냐고 말입니다. 그랬더니 그것은 못 보았다고 확실하게 대답했습니다. 그런데 만일 그가 말한 것이 틀리지 않다면, 그곳에 떨어진 비행체는 물질로 만들어진 것이고 UFO가 아닐 가능성이 크다는 게 제 의견입니다. 그것이 무엇인지는 저도 잘 모르겠습니다. 추측으로는 새로 개발된 어떤 비행체일 가능성이 큽니다. 좌우간 이 사건은 미궁에 빠져 있습니다.

지영해 UFO가 물질이냐 아니면 어떤 생물학적 혹은 정신적 비행체냐 하는 문제인데요. 어떤 사람들은 이를 순수하게 물질적인 카테고리로 넣지 않고 어떤 유기생물학적인 재질bio-organic entity로 되어 있다고 주장하기도 합니다. 최 교수님 말씀은 정신이 물질화된 것이며, 따라서 정신적 컨트롤로 그 기능이 운영된다는 것이죠? 재미있는 견해입니다. 제가 UFO가 추락할 수도 있다고 했을 때, 제 의도는 외계인도 피조물이기 때문에 실수 같은 것을 할 수 있다는 것이었습니다. 그들의 UFO가 기계적으로 오작동이 쉽게 일어난다는 의미는 아니었고요. UFO가 하나의 유기생물학적 존재, 혹은 심지어 심령현상과 연결된 어떤 알 수 없는 정신적 실체일 수도 있다는 의견에 동의합니다. 그럴 가능성은 충분히 있는 것이죠.

현재 우리가 이해하는 물질과 기계의 개념은 아주 단순한 것이라서, 날아다니는 모든 기계는 딱딱한 금속과 추진체 에너지, 여러 조작에 필요한 레버와 단추 등으로 형성되어 있다고 믿는 경향이 있지요. 하지만 이건 아주 우매한 문명의 수준에서 바라본 기계론입니다. 고도로 발달된 문명 수준에서는 비행체의 운행과 컨트롤이 반드시 기계적 · 전기적인 과정을 통해서만 이루어지는 것은 아닐 거라고 저도 생각합니다. 좀 더 발달된, 그리고 강력한 마인드를 소유한 생명체들은 물질을 마인드로 직접 움직일 수 있을 거라고 생각합니다. 유리 겔라Uri Geller처럼 인간 가운데에도 염력이 강한 사람은 미약하나마 마음으로 물질 자체를 움직이거나 바꿀 수 있지 않습니까? 외계인도 그 수준이 높은 곳에서 왔다면 똑같이 할 수도 있겠죠. 하지만 그들도 피조물이기 때문에 그들의 의식 속에서 형성되는 의도intention와 그것을 받아들이는 바이오-마인드 혹은 유기생물학적 비행체 사이에 어떤 알 수 없는 이유로 100퍼센트 완벽한 커뮤니케이션 혹은 통제가 이루어지지 않을 수도 있다는 것을 말씀드리고 싶었습니다.

최준식 지금 지 교수님이 말씀한 것 가운데 제게는 조금 걸리는 부분이 있습니다. 우선 '피조물'이라는 단어를 쓰셨는데, 이는 유대-기독교적 전통의 용어 아닙니까? 그러니까 창조주가 있고 이 우주 모든 것은 이 존재가 창조했다고 보는 세계관에서 나온 용어죠. 이것은 신과 피조물을 둘로 나누는 전형적인 이원론적 접근입니다. 그런데 이것은 우주와 그 생성 혹은 진행 과정을 해석하는 하나의 특정한 세계관에 불과합니다. 우리가 어떤 사안에 접근할 때 이처럼 특정한 세계관을 가지고 적용시키면 문제가 생길 수 있다는 생각이 듭니다. 이미 결정되어 있는 틀을 사안에 덮어씌울 염려가 있다는 것이지요. 물론 아무 틀 없이 사안에 접근하기는 불가능할 수 있겠다는 생각도 듭니다만, 그래도 가능하면 어떤 특정한 틀을 피하는 것이 낫지 않을까 생각합니다.

그리고 또 하나, 그다지 중요한 것은 아닙니다만 유리 겔라에 대한 것입니다. 저는 이 친구가 염력과 같은 초능력을 정말로 갖고 있는지 어떤지 잘 모릅니다. 또 예의 조작이라는 설도 나오곤 하던데, 자세한 것은 이런 주제들이 항상 그렇듯 확실히 알 수 없습니다. 이런 친구들이 갖고 있다고 하는 초능력을 긍정하기에는 무언가 부족한 것 같고, 부정하자니 확실한 근거가 있는 것도 아니고 말입니다. 그래서 저는 이런 사람들의 예를 인용하는 것은 되도록 피합니다.

QUESTION **이제 두 번째 주제를 살펴봐야 하겠습니다. 외계인이 인간을 납치해 간다는 말이 오랫동안 있어왔는데, 이게 사실인가요?**

지영해 인류는 지금까지 몇천 년간의 역사상 가장 결정적인 순간에 와 있습니다. 외계인에 의해 인간이 납치를 당하고 있다는 것이죠. 그러나 납치 자체가 놀라운 것은 아닙니다. 정말 놀라운 것은, 이들이 왜 인간을 납치하고, 인간에게 무엇을 하고 있는가 하는 문제입니다. 그런 면에서 외계인 피랍 현상은 심각한 문제이면서, 또 방대한 문제이기도 합니다.

최준식 잠깐만요. 교수님은 지금 외계인에 의한 인간 납치를 기정사실로 받아들이고 있는데, 그렇게 성급하게 받아들여도 되는 건지 묻고 싶군요. 왜 우리가 피랍 현상을 사실로 받아들여야 하는지, 그 실례를 들어 생생하게 설명해주면 좋겠습니다. 외계인에 의한 피랍이 어떤 것인지 잘 모르는 독자들이 많을 테니 간단하게나마 설명을 하고 넘어가야 할 것 같습니다. 제가 알기로는 이 체험들이 아주 다양하면서도 서로 중첩되는 면 또한 많이 있었습니다. 특히 우리 인간들이 외계 비행체에 납치되어 생체실험을 당하고 정자나 난자를 채취당한다는 증언이 많았지요. 또 외계인과 지구인을 결합시켜 아이(혼혈이라는 의미에서 하이브리드 혹은 혼혈종이라 불림)를 낳게 한다는 것은 이 체험에서 많이 알려진 이야기입니다. 지 교수님은 이 분야를 다년간 연구해왔으니 설명을 부탁드립니다.

지영해 피랍이라 하면 주로 당사자의 의사에 반하여 외계인이 우리 인간을 UFO나 그들의 세계로 데려가는 것을 말합니다. 주로 밤에 많이 일어나고 차를 운전하거나 침실에서 잠을 잘 때 흔히 발생하죠. 가장 최초로 보고된 것은 1957년 당시 23세였던 브라질의 안토니오 빌라스 보아스Antonio Vilas Boas의 피랍 사건*이고, 최면 등을 통한 심층연구가 최초로 이루어진 것은 1961년 미국의 베티와 바니 힐Betty & Barney Hill 부부 피랍 사건*입니다. 이후 전세계에서 매년 수백에서 수천 건에 달하는 피랍 경험 보고가 공식·비공식 루트로 피랍 연구가들에게 접수되었습니다.

가장 신뢰받는 케이스는, 버드 홉킨스가 연구한 1989년 린다 코틸Linda Cortile 케이스입니다. 뉴욕 브루클린다리 근처의 한 아파

● 브라질 동북부 산프란세스크 데 살레스 근교에서 혼자 트랙터로 밭을 갈고 있던 당시 23세의 농부 보아스는 먼 하늘에 유난히 붉게 빛나는 별이 자기 쪽으로 다가오는 것을 보았다. 가까이서 보니 그 비행체는 달걀 모양을 하고 있었다. 곧이어 그 UFO는 근처의 밭에 착륙했고, 보아스는 너무 놀란 나머지 급히 트랙터를 몰고 현장에서 피하려 했다. 그러자 트랙터가 라이트와 시동이 꺼지며 멈췄고, 그는 헬멧을 쓴 건장한 외계인 네 명에 의해 UFO 안으로 끌려들어갔다. 그들은 보아스의 옷을 강제로 모두 벗기고 온몸에 이상한 젤 같은 액체를 발랐다. 그 후 반원형 방으로 안내되어 피검사를 받았는데, 턱에서 피를 뽑은 외계인들이 방에서 나간 뒤 30분간 그를 방에 가두고 구역질나는 회색 가스를 실내에 주입했다. 얼마 후 문이 열리더니 벌거벗은 흰색 피부의 여자 외계인 한 명이 방에 들어왔다. 그러자 보아스는 격렬한 성적 흥분에 빠져 자제력을 잃고 그녀와 성관계를 맺었다.

★ 휴가를 즐기고 미국 뉴햄프셔주의 집으로 돌아가고 있던 바니와 베티 힐 부부는 자정 즈음에 화이트산맥의 한적한 도로에서 UFO와 조우했다. 아주 가까이 다가온 UFO를 목격하고 집에 도착해 보니 예정 시간보다 두 시간쯤 늦어 있었다. 이상하게 생각은 했지만 무시하고 그냥 지냈는데, 부부는 이후 불면증을 비롯한 여러 신경성 장애 증상에 시달렸고, 난쟁이들에 의해 생체실험을 당하는 꿈들을 꾸게 되었다. 그래서 정신과 상담을 받고 최면치료를 받았는데, 역행최면을 걸어보니 두 사람이 공통적으로 외계인들에 의한 피랍 체험을 증언했다. 그들의 증언에 의하면, UFO가 차에 아주 가까이 접근했는데 마치 팬케이크 같은 형태였다고 한다. 바니는 그 UFO 둘레로 창문들이 줄지어 있는 것을 보았고, 그 안으로 키가 작은 난쟁이 외계인들의 모습을 보았다고 기억했다. 난쟁이 외계인들은 힐 부부를 생체실험실 같은 곳으로 데려갔고, 정자와 난자를 채취했다. 바니는 흑인이었고 베티는 백인이었기 때문에, 당시의 조사자들은 인종이 다른 남녀의 결합으로 인해 부부가 정신적으로 큰 스트레스에 시달리게 되었고, 당시 TV에서 방영되던 외계인이 등장하는 SF드라마의 영향으로 두 사람이 외계인들에게 납치되는 집단 환각을 일으켰다고 결론을 내렸다.

트에서 일어난 일인데, 물론 밤이었지만 20여 명의 목격자가 있었던 특이한 사건입니다. 버드 홉킨스의 주장에 의하면, 당시 유엔 사무총장이었던 하비에르 페레스 데 케야르Javier Pérez de Cuéllar도 그 가운데 한 명이었다고 합니다. 이들 목격자들의 증언이 모두 일치해 깨끗한 그림을 그리고 있어서 신빙성이 아주 높습니다. 홉킨스는 만일 이 사건이 허구라면 이들 20여 명 사이에 사전에 치밀하게 계획된 각본이 있어야 하는데, 이는 현실적으로 불가능한 일이라고 단정지었습니다.●

그리고 최 교수님이 말씀한 대로 이 피랍 체험에는 다양하면서도 중첩되는 면이 많습니다. 그러나 거기에는 다음과 같은 핵심 패턴이 있어요. 외계인들이 밤에 한적한 곳에서 지나가는 차를 세워 운전자를 데려가거나 아예 차째로 함께 들어올립니다. 그러고는 한 시간에서 세 시간 후에 차를 그 자리로 돌려놓지만 운전자들은 그것을 기억하지 못해요. 다만 시계를 보고 몇 시간이 순식간에 지나간 것을 발견할 뿐입니다. 이걸 '미싱타임missing time'이라고 하지요. 아니면 밤에 피랍자의 침실에 들어와 데려가

● 1996년 버드 홉킨스가 출간한 책 《브루클린다리 피랍 사건들의 진실*The True Story of the Brooklyn Bridge Abductions*》에 의하면, 목격자로 지목됐던 이들 중 두 명은 유엔과 관련된 정보요원이었고, 그들이 사실은 린다와 함께 외계인들에게 납치되었다고 한다. 그런데 이 책에서는 그 두 명 외에 중요한 피랍자가 한 명 더 있었는데, 그가 다름 아닌 당시 유엔 사무총장이었던 하비에르 페레스 데 케야르라는 것이다. Bridget Brown, They Know Us Better Than We Know Ourselves: The History and Politics of Alien Adduction, NYU Press, 2007. pp.142–143.

기도 해요. 피랍자들은 갑자기 침대 옆이나 끝에 누군가가 서 있는 것을 느낍니다. 이때 상당수는 그들이 나타나기 직전 몸에 아주 강한 진동 같은 것이 느껴지고, 이어 몸을 전혀 움직일 수 없는 마비 상태가 된다고 해요. 어떤 외계인들은 긴 막대기형의 빛나는 봉을 피랍자의 몸에 대 정신을 잃게 하거나 벽 또는 창문을 같이 통과해 나간다고 합니다. 영국의 한 피랍자는 유리창을 통과할 때 뭔가 표현할 수 없는, 끈적끈적한 엷은 젤gel의 막을 통과하는 듯한 느낌을 받았다고 해요. 어쨌든 미싱타임 현상은 여기서도 나타납니다.

피랍 사건의 본질은 책 몇 권 분량을 얘기해도 다 못하는 복잡하고 방대한 사건이라 여기서 모두 다루기는 힘들지만, 그 핵심은 인간에 대한 생체 연구 및 유전자 실험과 함께 혼혈종 생산으로 집약될 수 있어요. 피랍되어 가는 곳은 UFO, 아니면 그들 나름대로의 기지입니다. 납치된 몇 시간 동안, 남자와 여자는 테이블 위에서 생체실험을 당합니다. 피부를 관찰하기도 하고, 지난번 납치했을 때와 비교해 변화된 부분을 관찰하기도 합니다. 가끔 피랍자는 넓은 스포츠홀 정도로 큰 방에서 외계인들이 수백 명의 인간을 실험대 위에 뉘어놓고 뭔가 관찰을 하거나 의학적 실험을 하는 것을 목격하기도 합니다.

여기서 중요한 것은, 외계인들 중 키가 큰 회색 외계인이나 곤충형 외계인들은 강력한 정신적 통제력을 갖고 있다는 것입니다. 물론 외계인과 외계인 사이, 외계인과 인간 피랍자 사이의 모든 통신은 텔레파시와 같은 무언의 뇌파로 이루어지지만, 이들은 저항하거나 비협조적인 피랍자들, 혹은 공포에 떨고 있는 피랍자들의 눈을 가까운 거리에서 깊게 들여다봄으로써 이들의 행동을 철저히 제압하는 소위 마인드스캔mind scan 능력이 있습니다. 이 과정에서 이들은 모종의 정신적 능력 교감을 통해 인간의 신경 루트를 거치면서 뇌와 신경계에 있는 모든 정보를 뽑아내고 해당 피랍자의 감정과 사고를 완전히 지배하는 일을 하기도 합니다.

물론 생체실험은 아니지만, 피랍자들을 그룹 지어 몇 가지 영상을 보여주며 그들의 반응을 살피기도 합니다. 그 영상이란 지구의 아름다운 환경이 황폐해져서 사람이 살 수 없는 곳이 되었거나, 마치 운석이 지구를 강타하거나 핵전쟁 등이 일어난 것처럼 초토화되어 산과 강, 도시가 시커멓게 타버린 영상들입니다. 시체들이 뒹굴고 아이, 노인, 여자 할 것 없이 사람들이 실성해서 이리저리 헤매는 그런 참혹한 영상들이지요. 혹은 강이 흐르고 꽃이 핀 푸른 초원에서 사람들이 행복하게 뛰어노는 낙원같이 아름다운 영상을 보여주기도 합니다. 이것이 실질적으로 지구의 현재 상황과 미래에 일어날 수 있는 상황을 보여주려고 하는 것인지, 아니면 그런 사태에 직면했을 때 인간의 심리·감정적 반응을 연구하기 위한 허구적 상황인지에 대해서는 연구자들마다 의견이 갈립니다.

최준식 지 교수님이 말씀한 내용은 엄청나게 충격적입니다. 물론

이 이야기들이 사실이라면 말입니다. 지금 저는 피랍 체험도 믿기 어려운 상황인데 피랍되었을 때 일어나는 일에 대해 말씀하기 시작하니 도대체 어디까지 믿어야 되는지 정신이 현란할 지경입니다. 이들의 피랍 체험은 여기서 끝나지 않는 걸로 알고 있습니다. 생식기가 중심이 된 생체실험을 한다고 하지요? 피랍 체험에는 이런 생체실험 이야기가 빠지지 않는 것 같던데요?

지영해 네, 맞습니다. 상당수의 피랍자들이 생체실험을 당해 정자와 난자를 채집당합니다. 특히 젊은 여성들의 상당수가 난자를 채취당한 듯한 상황을 기억합니다. 이는 인간의 유전자 속에 그들의 유전자를 집어넣어 혼혈종hybrids을 만들기 위한 것으로 판단되는데, 피랍자 중 남자와 여자의 성비가 1대 2로 여자가 훨씬 많은 것으로도 피랍의 주요 목적이 혼혈종 생산에 있음을 알 수 있습니다. 남자는 소수의 인원으로도 수많은 정자를 확보할 수 있기 때문이지요. 하지만 건강한 정자를 확보하기 위해서는 남자도 어느 정도의 수는 확보해야 되겠지요. 피랍당한 여자들은 곧 집으로 돌려보내지지만, 피랍은 거기서 멈추지 않습니다. 참고로, 한 개인이 어린 시절부터 일생을 두고 반복적으로 피랍되는 경향이 있습니다. 한두 번만으로 기억하는 것은 그 나머지를 기억하지 못하기 때문이지요. 어떤 여성의 경우 열두 살에 피랍되었을 때 생체실험을 당한 후, 그들로부터 "당신은 아직 약간 이르다"는 말을 들었다고 합니다. 이는 육체의 성숙과 더불어 난자 채취의 가능성을 두고 한 얘기로 추정됩니다.

난자를 채취당한 여성은 이후 주기적으로 피랍되는데, 다시 실험 테이블 위에 누인 채 자기를 놓고 무언가 실험을 하는 듯한 인상을 받습니다. 그 후 아무 이유도 없이 생리가 중단되는 등 임신의 징후를 보입니다. 그러고는 몇 달 후 다시 피랍되고 이후 임신 증상이 없어지죠. 그것은 외계인과 인간 사이의 혼혈종 태아가 두세 달이 되면 다시 납치를 해 피랍 여성의 자궁에서 추출해 자기들의 인큐베이터 속에 넣기 때문이라고 판단됩니다. 이 기간에 여성이 몸의 이상징후를 느끼고 의사를 만나 임신 여부를 확인하려고 하면 의사와의 만남 직전에 피랍이 되고, 태아 추출이 이루어집니다. 이 모든 것을 피랍자의 기억을 지워가며 하기 때문에 여성들은 무슨 일이 일어나고 있는지 알 수가 없지요.

조금 전 인큐베이터 얘기를 했는데, 피랍자들은 빈번하게 자신들이 끌려간 곳에서 수없이 많은 혼혈종 태아가 각각 액체가 가득 찬 인큐베이터 속에 떠 있는 것을 목격합니다. 인큐베이터 목격 증언은 앞에서 말씀드린 임신 경험과 함께 피랍자들 사이에 상당히 공통적으로 나타납니다. 문제는 외계인들이 왜 이렇게 인간과의 혼혈종을 생산하는 데 전력을 다하고 있는가 하는 것이죠. 이 점은 우리 대화의 후반부에 가서 다루었으면 좋겠습니다.

남자들도 정자를 채취당하는데 깔때기 같은 기구가 사용되기도 하고, 때로는 묘령의 인간 여성이 나타나 성적 흥분을 돕기도 합니다. 대부분 외계인들이 피랍자의 신경 루트를 컨트롤해 외계인 자신이 그렇게 매혹적인 인간 여성으로 보이도록 만든 것이지요. 하지만 가끔 서로 모르는 여성 피랍자와 남성 피랍자 사이에 타의로 성관계를 유도해 생체실험의 대상으로 삼는 경우도 있습니다. 여기서 중요한 것은, 인간이면 격렬한 감정이 개입되는 이 모든 과정을 외계인들은 완전히 감정을 배제한 채 기능적인 목적을 달성하는 데만 온통 집중한다는 것입니다. 가끔 피랍자들이 소리를 지르며 거부하고, 외계인을 손으로 때리거나 발로 차기도 하고, UFO 내에서 통로를 따라 도망치기도 하지만, 외계인들은 신경 루트를 통제하는 방식으로 결국에는 원하는 바를 이루고야 맙니다. 한 가지 특기할 것은, 사람들이 협조를 하지 않으면 외계인들은 '이것은 매우 중요한 일이다This is very important' 라고 말한다는 것입니다. 이것이 누구에게 어떤 의미에서 중요한 일인지는 설명한 적이 없습니다. 그리고 자기들의 말에 따라 순순히 응해주면 만족해하는 표정을 그들의 제스처에서 느낄 수 있다고 해요.

최준식 잠시만요, 너무 진도가 빠릅니다. 더 나가기 전에 하나하나 문제를 짚어봤으면 좋겠습니다. 지금 지 교수님의 말씀을 듣다 보니 의문이 생깁니다. 일단 위 이야기들을 사실이라고 가정하고 질문을 드리죠. 가장 크게 드는 의문은, 도대체 외계인들이 혼혈종을 어떻게 만드느냐는 것입니다. 그리고 인간에게 외계인의 유전자를 넣는다는 게 무슨 말인지 잘 모르겠습니다.

우선, 외계인들이 지구 여성의 난자를 채취한다고 하셨죠? 그걸 가지고 혼혈종을 어떻게 만든다는 말입니까? 인간의 상식대로 하면, 생명이 배태되기 위해서는 여성의 난자가 남성의 정자와 합해져야 합니다. 그런데 교수님 말씀에서는 이 과정이 생략되어 있습니다. 그러니까 인간과 외계인의 혼혈종이 만들어지기 위해서는 지구 여성의 난자가 외계인 남성의 정자와 합해져야 하는 것 아니냐는 것이지요. 그런데 외계인 남성에 관한 이야기, 적어도 외계 남성의 정자에 관한 이야기는 전혀 없습니다. 그러니 이 두 종이 어떻게 결합하는지 궁금하기 짝이 없습니다.

그리고 인간 여성의 난자를 채취해 거기에 외계인의 유전자를 넣는다고 하셨는데, 아니 외계인들도 유전자가 있나요? 있다면 그걸 어떻게 알 수 있죠? 그렇게 믿을 만한 증거가 있나요? 이것은 우리 인간들의 사고를 외계인들에게까지 연장시키는 것 아닌가요? 만일 외계인들 역시 유전자를 갖고 있다면 그들도 우리 인간들과 그다지 다른 존재가 아닐 수도 있겠다는 생각도 듭니다. 그건 그렇고, 외계인의 유전자와 인간의 유전자가 서로 아무 충돌 없이 잘 화합할 것이라는 것은 어떻게 알죠? 전혀 다른 생명체인 인간과 외계인의 유전자가 만났을 때 아무 문제 없이 잘 섞일 수 있을까요? 이 두 생명체의 유전자를 섞는 것은 우리 인간의 유전자와 돼지의 유전자를 섞는 것과 비슷한 일일 것 같은데, 그런 일이 쉽게 될까 싶습니다.

그다음에 인간 남성의 정자를 채취하는 것도 그렇습니다. 여성의 난자를 채취해서 임신시켰으면 됐지, 왜 인간 남성의 정자는 가져가나요? 또 외계인들이 난자나 정자를 가져다 어떻게 보관

하나요? 모든 게 이해하기 힘든 상황입니다. 그러나 굳이 이 상황을 이해해본다면, 인간 여성의 난자를 뽑아 거기에 외계인의 유전자를 넣어 인간 남성의 정자와 수정시킨 다음 여성의 자궁에 다시 넣는 것으로 해석할 수 있을까요? 이렇게 생각은 해보지만 역시 무리스러운 면이 많습니다.

지영해 저도 지금 지적한 의문점들을 갖고 있습니다. 유전자 조작을 통해 혼혈종을 만들고 있다는 것은 다만 추측일 뿐입니다. 피랍자들의 기억으로부터 얻을 수 있는 정보는 아주 간단한 것들뿐입니다. 첫째, 여자는 난자를, 남자는 정자를 채취당한다. 둘째, 다시 피랍되었을 때, 복도나 방의 벽에 액체로 가득 찬 조그만 인큐베이터 모양의 용기가 즐비하게 나열되어 있는 것을 본다. 각 인큐베이터 속에는 인간이 아닌 어떤 태아가 액체 속에 떠 있다. 셋째, 그다음 피랍 시 자기 아이라 생각되는 혼혈종 아기 혹은 아이를 보는 경우가 있다. 넷째, 외계인들은 외형상 남녀 구별이 뚜렷하지 않고, 모두 비슷비슷해 보인다. 그럼에도 불구하고 대하는 태도나 생김새, 풍기는 느낌에서 어떤 외계인은 여성이고 어떤 외계인은 남성인 듯한 느낌을 받는다. 그러나 이들이 어떻게 태어나는지 혹은 증식되는지에 대해서는 전혀 알려진 바가 없다. 이상입니다.

유전자 조작을 통해 혼혈종 아이를 만든다는 이야기는 위에서 관찰된 내용들에서 유추해낸 것입니다. 혼혈종의 모습은 인간과 외계인이 섞인 모습입니다. 여기서 우리가 할 수 있는 것은, 인간 남성의 유전자와 여성의 유전자를 그들 나름대로의 기술을 이용해 그들의 유전자와 섞는 것이 아닌가 하고 추측할 따름이지요. 구체적으로 그것이 어떻게 가능한지는 인간의 과학기술 수준으로는 아직 알 수가 없습니다. 그러나 굳이 그 과정을 추측하자면, 한 가지 방법으로 교수님 말씀대로 인간 여성 난자에 외계인의 유전자를 넣고 인간 남성의 정자와 수정시킨 다음 여성의 자궁에 착상시키는 것이겠지요. 이 문제와 관련해서는 이쪽 분야 전문가가 있으면 우리 대화에 커다란 도움이 될 것 같습니다.

어쨌든 피랍자들은 돌려보내지기 전 기억회로에서 메모리가 지워집니다. 돌아온 피랍자들에게는 오직 미싱타임 현상만 남는 것이죠. 하지만 외계인들이라고 모두 기억회로를 철저히 통제하지는 못하는 것 같습니다. 많은 피랍자들은 피랍 과정의 일부를 희미하게, 일부는 생생히 기억합니다. 어떤 사람들은 유년 시절부터 반복적으로 피랍되어온 일생을 상당히 일관성 있게 기억하기도 합니다.

그러나 상당수의 피랍자들은 최면요법을 통하지 않고는 기억을 회복하지 못합니다. 특히 긍정적인 사건으로 기억하는 순간들도 사실은 강제적인 생체실험과 같은 무서운 순간들이며, 외계인들이 '허위기억false memory'을 심어놓은 경우가 많습니다. 이런 경우 최면요법을 통하면 실제 벌어졌던 사건을 재구성할 수 있는데, 이것이 최면요법을 통해 기억을 회복시킬 때의 문제이기도 합니다. 피랍자에게 트라우마의 기억을 다시 끌어내 그 인생에 돌이킬 수 없는 피해를 줄 수 있기 때문에, 최면기억회복요법을 통한 피랍 연구는 심각한 윤리적 책임이 따를 수 있습니다. 따라서 최면요법은 피랍자의 명시적인 동의 없이는 절대로 시행하지 않습니다. 하지만 이런 위험성에도 불구하고 피랍자들은 자신들을 괴롭히는 '묻힌 기억'을 회복하기 원하는 경우가 많습니다. 이유를 알 수 없는 악몽과 불안함의 뿌리를 드러내 해결할 수만 있다면 그것에 직면하고 싶다는 마음인 거죠.

한편, 혼혈종 아이가 만들어지면 피랍자를 다시 데려다가 이들을 만나게 하는 일종의 상견례 순간이 있습니다. 이때 피랍자들은 상당한 심리적 요동을 느낀다고 해요. 모양새는 물론 인간과 외계인의 중간 모습이지만, 몇몇 사람들은 아이한테서 자기의 유전자가 섞인 것을 느낀다고 합니다. 특기할 만한 사항은, 외계인들이 아직 유아기 단계에 있는 아기나 아주 어린 아이를 피랍 여성에게 건네주며 안아주라고 요청한다는 것입니다. 왜 이런 스킨십을 요구하는지는 알려지지 않았지만, 피랍자들은 그런 스킨십이 혼혈종 아이들의 생존력을 높여주기 때문이 아닌가 생각합니다. 즉, 철저히 프로젝트의 성공률을 높이기 위한 것이죠. 아이와 부모 간의 감동적인 만남을 소중하게 생각하고 또 그런 드라마틱한 장면을 감상하는 등의 정서적인 능력은 외계인에게는 없습니다.

이 혼혈종 생산을 위한 실험이 처음 시도된 것도 이미 40~50년 전인 1960~1970년대였고, 혼혈종 아이들이 목격되기 시작한 것도 1980년대부터이니 이미 30여 년이 지났습니다. 중요한 문제는 지금까지 생산되었을 상당수의 혼혈종들이 어디에서 무엇을 하는가 하는 점입니다. 최근 이 문제에 집중한 데이비드 제이컵스는 그사이 혼혈종뿐만이 아니라 혼혈종과 인간 사이의 2차 교배를 통해 외계인 유전자를 갖고 있지만 좀 더 인간에 가까운 2차 혼혈종, 즉 인간 혼혈종도 태어났다고 합니다. 제이컵스는 인간과 거의 생김새가 같은 이들에게 하이브리드와는 차별되는 휴브리드hubrid라는 이름을 붙였습니다. 그리고 지난 20년간 몇몇 피랍자들을 대상으로 시행된 최면 연구의 결과, 이들 휴브리드는 피랍자들의 도움을 받아 인간 사회에 비밀리에 침투, 정착해왔다고 주장합니다. 그의 해석에 따르면, 정착의 궁극적인 목표는 물론 지구 식민화지요. 2014년 10월 말에 제이컵스 교수가 이 연구 결과를 담은 자신의 세 번째 저작(제목은 'Walking Among Us: The Alien Plan to Control Humanity', 즉 '우리 속을 걸어다니는 외계인: 인류 정복을 꿈꾸는 외계인들'이나 최종 제목은 미정)의 초고를 보내와서 읽고 평을 해주었습니다. 너무 혁명적인 주장이라 믿기가 쉽지는 않으나, 혼혈종을 만들어온 것을 사실로 받아들인다면, 그리고 이들은 도대체 어디에서 무엇을 하고 있는가 묻는다면 인간 사회에의 침투도 그 가능성 중 하나로 떠오르게 됩니다.

사실 UFO 현상으로부터 외계인 세력의 인간 사회 침투는 하나의 논리적 필연성으로 연결될 수 있습니다. 즉, 'UFO는 왜 나타나는가? → 인간을 납치하기 위해 → 왜 인간을 납치하는가?

→ 인간 연구, 생체실험 및 혼혈종 생산을 위해 → 왜 인간을 연구하고 생체실험을 하고 혼혈종을 생산하는가? → 인간과 비슷한 종을 만들기 위해 → 왜 인간과 비슷한 종을 만드는가? → 인간 사회에 스며들기 위해'라는 연결고리가 가능하지요. 물론 '왜 인간 사회에 스며드는가?'라는 질문에, 제이컵스의 주장대로 '지구 식민화를 위해'라는 대답은 너무 많이 나갔다고 생각해요. 하지만 최소한 UFO를 외계인의 비행체라고 받아들이는 순간, 외계인의 인간 사회 침투까지는 논리적으로 가능한 얘기가 됩니다.

저는 제이컵스 교수와 지난 수년간 긴밀한 연구 협력을 해왔지만 아직 그가 사용한 데이터를 직접 확인하지 않은 상태라 그의 결론에 대해서는 판단을 보류할 작정입니다. 물론 그 데이터의 일부를 초고에서 읽어보기는 했습니다. 그 대부분은 1차 및 2차 혼혈종들이 어떻게 피랍자들의 도움을 받아 인간 생활의 여러 측면을 배우며 훈련받고 인간들의 사회에 비밀리에 스며들어 가는가에 관한 것이었습니다. 연구 대상자로부터 최면기억회복을 통해 추출한 데이터에는 아주 구체적인 내용들, 예를 들어 식사의 규칙, 가정의 형태, 슈퍼마켓에서의 행동, 나아가 도덕, 감정이입, 우정, 남녀 간의 성적 관계 등 인간 생활의 아주 작은 기술적인 측면에서부터 인간의 본질에 대한 개념적 지식에 이르기까지, 혼혈종들이 배우고 훈련받아야 할 사항들이 광범위하게 언급되어 있었습니다. 문제는 이런 내용들을 진술한 피랍자들의 원문 녹음 데이터입니다. 이들 녹음 데이터들은 피랍자들과의 합의에 의해 제3자에게 노출이 금지되어 있으나, 어떻게든 설득해서 입수해 들어볼 생각입니다.

최준식 아, 지 교수님. 이야기를 계속 듣다 보니 '이쯤 되면 막가자는 거지요'라는 말을 하고 싶을 지경입니다. 아니, 1차 혼혈종도 부족해 이제는 2차 혼혈종까지 만들어졌다고요? 그래서 제이컵스 교수는 휴브리드라는 말까지 만들어냈다고요? 참으로 대단합니다. 여기까지 연구한 것이 말입니다. 제이컵스 교수도 참 신기합니다. 역사학을 전공한 사람이 어쩌다 이런 데에 관심을 갖게 되었는지 말입니다. 보통 역사학을 전공한 사람들은 UFO 같은 초자연적인 현상에는 관심을 갖지 않습니다. 저나 지 교수님처럼 종교학이나 신학을 전공한 사람이라면 UFO 같은 초자연적인 현상에 대해 관심을 갖는 것이 이해가 되는데, 그는 역사 전공 아닙니까? 그래서 공연히 걱정이 되는데, 그가 속한 사회에서 따돌림당하지는 않았나요? 그도 지 교수님처럼 동료를 잃고 그런 일은 없었나요? 그런 분이 학교에 남아 있다는 게 신기합니다.

지영해 역사학자로서 제이컵스 교수는 '미국에서의 UFO 논쟁사'라는 아주 특이한 주제로 역사학을 공부했어요. 즉, 역사학적 방법론을 UFO 논쟁사에 적용시킨 것입니다. 사실 제가 보기에는 UFO에 관심을 갖는 사람들은 그들이 종사하고 있는 전문 분야하고는 상관이 없는 것 같습니다. 존 맥은 의대 교수였고, 버드 홉킨스는 뉴욕에서 알아주는 중견 미술가였지 않습니까?

최준식 아 그렇군요. 어쨌든 제 의문은 계속됩니다. 앞에서 말씀하시길, 피랍자들의 원문 녹음 데이터는 제3자에게 공개하는 것이 금지되어 있다고 하셨는데, 이건 또 무슨 말입니까? 무슨 비밀 종교단체도 아니고요. 컬트성 짙은 종교단체들 보면 꼭 그렇게 합니다. 자신들에게 무슨 대단한 자료가 있는 것처럼 하면서도 남들한테는 철저하게 기밀로 합니다. 요즘 말로 신비주의 전략을 쓰는 것이지요. 그런데 나중에 입수해서 보면 아무것도 아닙니다. 이 경우도 그런 것 아닌가 생각해봅니다.

지영해 피랍 연구자들이 보유하고 있는 자료들의 내용을 실제로 들여다보면, 어쩌면 실망할지도 모르죠. 하지만 제이컵스 교수 같은 경우, 지난 30년간 최면 연구를 하며 쌓아온 자료가 실로 방대합니다. 녹음테이프부터 그것을 분석해놓은 스크립트까지, 그 양이 어마어마한 것을 그의 서재에서 보았습니다. 자료의 양이 너무 많아 그도 녹음한 것을 다 들어보지 못했을 정도라고 하더군요. 그렇지만 연구 대상자들의 진술을 그들의 허락 없이는 공개하지 못하는 것도 어느 정도 이해가 갑니다. 피랍 경험이 개인에게 미치는 영향은 실로 엄청납니다. 정신적 건강과 육체적 상태, 부부관계, 자녀와의 관계 등에 심각한 영향을 미칠 수 있는 일들이 피랍 시 발생하지요.

부부관계를 예로 들어볼까요? 어떤 남성은 오랜 기간 동안 피랍되어 오면서 다른 여성 피랍자와 UFO에서 아주 밀접한 심리적인 유대관계를 형성했습니다. 물론 자신은 인식하지 못하고 있었지만 말이죠. 이것은 이성관계를 포함해 인간의 사회성과 관계 발전 과정을 관찰하기 위해 외계인이 주도면밀하게 통제·조작해온 프로젝트의 일환으로 보입니다. 또 어떤 여성은 모르는 남성과 자의 반 타의 반으로 UFO 내에서 외계인들이 지켜보는 가운데 성관계를 하기도 했습니다. 이것도 마찬가지 프로젝트죠. 기혼자들인 경우 이런 일들이 밝혀졌을 때 실제 결혼생활에 미칠 파괴적인 영향은 설명이 필요 없을 정도입니다. 따라서 최면기억회복을 기록한 녹음테이프는 피랍자의 동의가 없는 한 그 배우자에게도 공개하지 않는 것을 원칙으로 하고 있습니다.

그리고 실제로 피랍 연구 자원자들을 모집할 때 이처럼 철저하게 프라이버시를 보장해주지 않으면 누구도 자기를 연구 대상자로 내어놓지 않습니다. 결혼, 직장, 친구관계 등에 미칠 위험요소가 너무 많기 때문이죠. 피랍 연구에서는 피랍 사건의 실체를 어떻게 파헤칠 것이냐 하는 기술적 문제도 중요하지만, 연구윤리도 아주 중요한 부분으로 인식되어 있어요. 그래서 최면요법을 실시하기 전에 피랍 경험자들은 서면 계약서를 읽고 거기에 사인을 한 후에 기억을 회복시킵니다. 이와 동시에 연구자들은 연구 과정에서 획득한 개인의 신상정보를 절대로 누설하지 않는다는 의무를 지게 됩니다. 피랍 연구자들은 세상이 무너져도 피랍 연구 대상자의 개인적인 상황에 대해서는 다른 사람에게 입을 열지 않습니다.

최준식 그다음 질문도 있습니다. 앞에서 이 혼혈종들이 인간 생활의 여러 측면을 배우며 훈련받는다고 했습니다. 그래서 이들이 밥 먹는 방법이나 도덕 · 우정 등을 비롯해 남녀의 성관계 등 아주 작은 기술적인 부분까지 배운다고 하셨죠. 그런데 이게 또 이해가 안 됩니다. 아니, 왜 이런 걸 따로 배워야 합니까? 이 혼혈종들도 보통 가정에서 양육되지 않겠습니까? 그렇다면 어려서부터 자연스럽게 부모로부터 교육을 받을 텐데 왜 따로 가르쳐주어야 하나요? 그리고 그 복잡한 인간사를 어떻게 다 교육시킨단 말입니까? 이게 무슨 첩보요원들 교육시키는 겁니까? 흡사 어디 따로 비밀스러운 교육기관을 만들어놓고 그곳에서 이 혼혈종들을 교육시켜 다시 비밀스럽게 인간 사회에 침투시키는, 다시 말해 '007 제임스 본드' 작전을 방불케 합니다. 그러니 당최 믿기가 힘듭니다.

지영해 꼭 다 믿어서가 아니고, 대화를 이어나가기 위해 그냥 그쪽을 옹호하는 편에 서서 말씀드려보지요. 아니, 혼혈종들이 부모가 어디 있습니까? 유전자가 합성되어 인큐베이터 속에서 크고, UFO 혹은 그들의 세계 속에서 집단으로 성장했을 텐데요. 그 복잡한 인간사를 일일이 다 교육시키기 힘들다는 것은 맞는 말씀입니다. 그렇게 보았을 때, 그들은 인간과는 다른 적응 속도와 정보 처리 및 지식 흡수 능력이 있다고 가정해야 합니다. 쉽게 말하면, 하나를 가르치면 열을 안다고 할까요? 그래서 인간 사회에 정착할 때까지는 피랍자들의 자의 반 타의 반 조력이 필요한 것이겠지요. 만일 모양새가 인간과 거의 같은 혼혈종들이 아파트에 거주하며 우리들 사이에서 움직인다면, 약간의 행동이 이상한 것 외에는 그들의 존재를 눈치채기 힘들 겁니다.

제이컵스 교수의 원고에 인용된 피랍자들의 진술만을 놓고 볼 때, 그 내용을 수용할 것인가 혹은 거부할 것인가를 묻는다면 조심스럽게 수용 쪽으로 기웁니다. 구체적인 경험들이 상당히 현실성 있는 시나리오들이었습니다. 또한 제이컵스의 말대로 이들이 진정한 피랍자들이라면, 서로 관련이 없는 피랍자들이 이제까지 전혀 알려지지 않은 사실에 대해 우연히 서로 약속이나 한 듯이 비슷한 진술을 한다는 것은 확률적으로 가능성이 높지 않기 때문입니다.

혼혈종의 인간 사회 잠입은 이제까지 이렇게까지 구체적으로 보고된 적이 없습니다. 이는 외계인의 인간 사회 접수설을 두 가지 상반된 방향으로 해석할 수 있음을 뜻한다고 볼 수 있습니다. 우선, 다른 연구 혹은 이전 연구 중 제이컵스 교수의 연구를 지지하는 보고가 없다는 점을 들 수 있습니다. 이건 제이컵스 같은 사람의 주장이 그저 완전히 독립된 일회성 주장일 수도 있음을 뜻합니다. 하지만 외계인들이 50~60년 전에 인간을 납치하기 시작한 후 유전자 조작을 통해 혼혈종을 만들어내고 있다는 것은 존 맥이나 버드 홉킨스 같은 다른 피랍 연구가들에 의해서도 관찰되었습니다.● 혼혈종 산출에 수십 년의 시간이 걸리는 게 당연

● Budd Hopkins, *Intruders: The Incredible Visitations at Copley Woods*, Random House, 1 edition(1987); John Mack, *Abduction: Human Encounters with Aliens*, Scribner(2007).

하다면, 혼혈종의 출현과 그들의 인간 사회 잠입은 새로운 현상이고 당연히 지금부터 나타날 사건이라고 할 수 있습니다. 다시 말해 이전에는 이런 현상이 있을 수 없었기 때문에 오직 최근이라야만 논리적으로 설득력 있는 이야기가 된다는 것이지요. 저는 조심스럽게 후자의 가능성을 지지하는 입장입니다. 혼혈종의 인간 사회 잠입은 논리적으로 가능하다는 얘기죠. 하지만 크게 보았을 때 저는 많은 피랍자들의 진술과 다른 피랍 연구가들의 연구에서도 관찰된 바 있는 혼혈종 생산까지만 받아들이고, 그들의 인간 사회 침투에 대해서는, 앞서 말씀드린 대로 피랍자들의 원진술 녹음 기록들을 확보할 때까지는 판단을 유보할 작정입니다.

최준식 UFO 피랍 체험과 혼혈종 양산에 관한 교수님의 말씀을 들으면서 종국적으로 드는 생각은 '왜 외계인들은 이렇게 어려운 방법을 쓰는가?' 하는 것입니다. 저의 어쭙잖은 생각인지 모르지만, 외계인들이 지구를 변모시키기 위해 혼혈종을 만들고 있다면 그들은 왜 이렇게 번거로운 방법을 사용하는 걸까요? 우리가 지금까지 계속해서 의견의 일치를 보였듯이, 외계인들은 분명 우리 인류보다 문명이 훨씬 앞서 있습니다. 그런 그들이 뭐가 부족하고 아쉬워서 이렇게 시간이 많이 걸리는 일을 하고 있는지 궁금하기 짝이 없습니다. 지구인들을 하나하나 붙잡아다가 임신을 시키고 혼혈종을 낳게 하는 게 얼마나 힘든 일입니까? 이렇게 하느니 문명이 훨씬 앞선 외계인들이 지구를 그냥 접수하면 되지 않습니까? 그런 다음에 자기들이 하고 싶은 일을 하면 훨씬 간단할 것을, 왜 이렇게 원시적인 방법을 쓰는지 잘 모르겠습니다. 왜 굳이 이런 진부한 방법을 사용하는 걸까요?

그런가 하면 이런 생각도 듭니다. 혼혈종들이 이미 꽤 많이 지구에 살고 있다면 그들 가운데 이른바 커밍아웃하는 이가 왜 한 명도 안 나오는 걸까요? 그러니까 그들 가운데 어떤 이가 '나는 외계인과의 혼혈종이다. 그에 대한 확실한 증거를 갖고 있다'라고 고백하면서 명백한 자료를 제시하면 사람들이 두말 않고 믿을 텐데, 왜 이런 일이 한 번도 일어나지 않느냐는 겁니다. 왜 외계인 피랍과 관계된 모든 사건은 이렇게 비밀리에만 진행되는지 모르겠습니다.

지영해 지구를 접수하는 게 낫지 않겠느냐고 하셨는데, 이들이 생각하는 지구 관리는 어쩌면 우리가 생각하는 것보다도 더 광범위하고 더 장기적인 플랜에 따라 움직여지고 있는지도 모릅니다. 인간의 영역에서 더 지혜롭고 덜 파괴적이며 자기들의 영역과도 조화를 이룰 수 있는 생물학적 종을 양육해내기 위해 장기적인 프로젝트를 진행하고 있는지도 모르죠. 지구를 무력으로 또는 정치적으로 접수할 수 있는 능력은 충분히 있겠지요. 그러나 그들이 지구 자체의 공간을 탐하는 것은 아니라고 생각합니다. 여기 와서 사는 것이 목적이 아닌 이상은, 지구는 지구를 제대로 관리할 수 있는 적합한 형태의 인종이 진화되어 나타나고 결국 그들의 손에 맡겨져야 한다는 원칙을 고수하고 있을 거예요. 이런 관점에서 보면, 추측이긴 하지만 어쩌면 현재 우리 인류도 이전 단계의 인류에서 외계인의 개입에 의해 출현한 존재인지도 모르겠습니다. 외계인들도 한계가 있는 존재들이라, 이 지구상에 가장 적합한 형태의 고등 생물을 단번에 만들어낼 수는 없겠죠. 하지만 계속적인 실험을 통해 지구를 관리할 수 있는 제대로 된 주인이 나타나기를 기다리고 있을 겁니다.

QUESTION **지금 생체실험과 혼혈종 생산 같은 것은 결국 외계인이 자기들만의 비밀스러운 목적을 추구하는 이기적인 존재임을 암시하는 것인데요, 반대로 외계인들이 인간에게 우주의 비밀을 알려주고 인간의 정신적인 수준을 끌어올리려는 것이라고 생각하면 안 될까요?**

지영해 수많은 뉴에이지 운동가들이 바로 그렇게 생각하죠. 그래서 외계인을 신처럼 생각하고 UFO를 신전으로 숭배하곤 합니다. 외계인에게 납치되어 가서 그들로부터 우주 보편의 진리와 모든 생명체 간의 형제애, 그리고 지구상의 평화를 증진시키기 위한 메시지를 받았다고 말하는 책들이 여기에 포함됩니다. 그런데 제가 이런 종류의 보고서를 수없이 읽어봤지만, 소위 그들이 들었다는 외계인들의 메시지에 흐르는 사고의 구조는 정확하게 인간의 사고 구조일 뿐입니다. 저는 개인적으로 이런 유의 주장들은 외계인을 빙자해 자기의 생각을 설교하는 것으로 판단하고 연구 대상에서 제외하고 있습니다.

한편, 심각하게 피랍 연구를 해온 사람들의 입장은 두 부분으로 나뉘어 있습니다. 첫 번째 그룹은 존 맥을 중심으로 하는 긍정적 그룹인데, 피랍 경험은 그 자체로서 가끔 정신적 · 육체적으로 스트레스가 따르기는 하지만, 그 과정에서 영적 · 심리적 자기변화를 경험하고, 자신의 삶과 죽음, 세계와 환경 등의 문제에 대해 더 깊고 참된 통찰력을 얻는 긍정적 결과를 가져오기도 한다는 것이죠. 그리하여 이것이 외계인들이 의도하는 바인지는 모르겠으나, 각자 삶의 패러다임이 바람직한 방향으로 바뀔 수 있는 계기가 된다는 것입니다.

두 번째 그룹은 카라 터너Karla Turner나 데이비드 제이컵스, 버드 홉킨스를 중심으로 하는 부정적 그룹인데, 외계인들은 인간의 의사, 자유, 안녕과 복지, 권리 등은 안중에도 없으며, 육체적으로 폭력적이고 정신을 파괴하며 정치적으로는 인류 전체를 식민화하는 데 목적을 둔 존재들이라고 생각하지요.

최 교수님은 아마도 첫 번째 입장에 가까울 것 같은데요. 저는 이 둘의 입장을 일부 흡수하면서도 인간적 관점에 매여 있는 양자의 시각을 동시에 비판하는 입장입니다.

최준식 맞습니다. 저는 첫 번째 입장에 가깝습니다만 두 번째 입장을 전적으로 배척하지는 않습니다. 첫 번째 입장이 전적으로 맞다고도 생각하지 않아요. 외계인들의 태도에서 분명 두 번째 입장에서 말하는 것처럼 지구인을 백안시하는 태도가 보이기 때문입니다. 그럼에도 불구하고 두 번째 입장에 서지 않는 것은 그것이 가지는 약점 때문입니다. 만일 우리가 두 번째 입장에 선다면, 왜 외계인들은 진작 지구를 식민지로 만들지 이렇게 뜸을 들이는지에 대해 설명이 안 됩니다. 우리보다 훨씬 문명이 앞선 외계인들이 마음만 먹으면 언제든지 지구를 정복할 수 있는데 왜 그렇게 하지 않느냐는 것이지요.

지영해 대원칙은 그들은 우리가 아니라는 겁니다. 즉, 외계인들은 오직 그들이 생각하는 어떤 국지적 혹은 우주적 원칙과 목적을 위해서만 움직이고 있는 것 같은데, 그 커다란 원칙과 목적이 무엇인지는 우리는 아직 모릅니다. 다만 피랍 과정에서 그들은 인간의 개인적 의사와 감정은 아랑곳하지 않는 것이 사실이지만, 아직 적극적으로 인간을 죽이거나 해한다는 증거도 없습니다. 그리고 그들이 추구하는 그 원칙과 목적을 이루는 과정에서 파생적으로 인간에게 도움이 되는 일이 벌어질 수 있다는 점도 지적해야 합니다. 이 말은 거꾸로, 그들이 인류 전체를 소멸시킬 수도 있다는 의미가 되기도 합니다. 제 입장은 우리의 경험과 감정에 따라 판단하지 말고, 증거에 의거해 처음부터 끝까지 그들의 시각에서 보아야 한다는 것입니다.

QUESTION **외계인이 인간을 납치한다는 얘기 자체가 참으로 어마어마해서 말도 안 되는 허구처럼 들리는데, 실제로 믿을 만한 근거나 가시적인 증거들이 있나요?**

지영해 피랍 연구에서 부딪히는 가장 커다란 난관은 레이더 기록이나 사진 등의 물질적 증거들이 UFO 연구에서와는 달리 많지 않다는 것입니다. 물질적인 증거가 많지 않은 상황에서 가장 중요한 것은 피랍을 보고하는 사람들의 수와 그들의 신뢰성입니다. 영미권에서 자신의 피랍을 의심해 피랍 연구가들에게 연락을 해오는 경우는 대충 1년에 몇천 건 정도라고 볼 수 있습니다. 피랍자 중에는 물론 정신적으로 문제가 있는 사람도 있지만, 그렇지 않은 평범한 사람도 많습니다. 대부분의 피랍 기억은 최면 상태에서 회복되지만, 일부는 최면을 통하지 않고도 기억을 해냅니다. 이런 상황들을 종합해서 결론을 내리면, 이 많은 사람들이 진실을 얘기하고 있거나, 거짓말 또는 정신적 특이체질 때문에 없는 얘기를 하고 있거나 둘 중 하나일 것입니다.

하지만 앞서 최 교수님이 말씀했듯이 다양하면서도 중첩되는 부분이 있다는 것은 상당한 의미를 갖습니다. 만일 정말로 몇 종류의 외계인들이 지구를 방문하고 있고, 그들이 어떤 특정한 목적을 위하여 다양한 사람들을 납치하고 있다면, 그 피랍자들의 스토리가 다양한 것이 당연하지만 동시에 그 안에 중첩되는 중심 부분이 있어야 합니다. 다양하다는 것은 피랍 방식과 상황의 다양함이고, 중첩되는 부분은 피랍되어 가는 곳이 UFO이고 그 안에서 생체실험을 당하거나 목격한다는 것입니다. 그리고 중첩 부분에서 또 중요한 것은 피랍자들의 기억 패턴이 거의 동일하게, 악몽을 꾼 듯이 고통스러운 느낌을 받으며, 사건의 일부만 순간순간 기억이 나서 사건 전체의 모습을 그리지 못한다는 것입니다. 그러나 만일 피랍 경험을 서로 모방한 것이라면, 그들의 스토리가 거의 다 비슷할 것이고, 사건도 분명히 다 기억하는 듯이 청산유수로 이야기할 것입니다. 하지만 대다수 피랍자들은 자기도 뭐가 뭔지 모를 정도로 혼미한 상황을 보고합니다. 마치 연속되는 악몽을 꾸고 있는 듯이 보입니다. 약속이나 한 듯이 말이죠.

한편 피랍자들이 이야기를 꾸며냈다면, 그들이 술회하는 피랍 이야기들은 모두 달라야 할 것입니다. 그러나 진정한 피랍 경험에는 개별적인 상황에 따라 약간씩 다른 부분도 물론 있지만, 그것이 바로 동일한 과학과 기술 수준을 가진 외계 문명집단에 의해 자행되기 때문에, 말씀드린 대로 상당히 공통적인 부분이 많습니다.

최준식 맞습니다. 그 공통적인 부분이 문제죠. 저는 개인적으로 이 피랍 체험을 모두 환상으로 돌리고 싶습니다. 상식적인 내용과 너무나 어긋나기 때문입니다. 그런데 그렇게 하기에는 마음에 걸리는 부분이 있습니다. 말씀한 대로, 만일 피랍 체험을 한 수많은 사람들이 모두 환상 체험을 한 것이라면 그 체험이 다 각기 달라야 하는데, 이상하게도 그들의 체험에는 동일한 패턴이 있습니다. 같은 내용이 중첩된다는 것이지요. 우리가 주목해야 할 부분은 바로 이것이라고 생각합니다.

지영해 피랍자들의 기억이 묻혀 있거나 떠올라도 부분적이기 때문에, 최면기억회복요법을 통한 기억의 회복이 중요해지지요. 물론 최면요법에 대한 비판도 많습니다. 가장 큰 비판은 '공동 조작

confabulation'이라고 불리는 것으로, 연구자의 입장을 잘 아는 피랍자들이 최면 상태에서 무의식적으로 연구자의 기대에 부응하려고 노력하며, 동시에 연구자가 최면 시 사용하는 질문들이 무의식적으로 어떤 특정한 방향으로 답을 유도한다는 것입니다. 물론 공동 조작의 가능성이 이론적으로는 존재하지만, 이렇게 비판하는 사람들 중 실제로 최면 상태에서 진술하는 내용들이 최면 시술가의 기대에 얼마나 부응해서 나오는지에 대한 데이터를 제시한 사람은 하나도 없습니다. 그리고 최면을 시도하는 피랍 연구가들은 전문가입니다. 그들도 공동 조작의 가능성을 최소화하기 위해 최면 시 사용하는 질문들을 정밀하게 개발하고 있습니다.

최준식 저도 최면을 배워봐서 조금은 아는데, 외려 최면가와 피최면자가 공동 조작을 해서 자신들이 바라는 결과를 얻어내기가 더 힘듭니다. 최면 현장을 직접 본 사람들은 동의합니다. 최면을 하다 보면 전혀 생각하지 못한 일들이 일어나서 당황하는 경우가 한두 번이 아닙니다. 최면가가 기대했던 답보다는 엉뚱한 대답이 나올 때가 많아서, 훈련이 잘된 최면가가 아니면 수습하기 힘든 경우가 많습니다. 짜여진 각본대로 가기는 매우 어렵지요.

QUESTION **그럼 피랍 사건의 경우 최면기억회복술에 대한 신뢰성, 피랍자들의 인간적 신뢰성, 그리고 피랍 스토리의 구조적 신뢰성 같은 정황적 증거를 제외한다면, 그 외에는 뭔가 손에 잡히는 구체적인 혹은 물질적인 증거가 없다는 얘기인가요?**

지영해 그렇지 않습니다. 객관적 증거 확보를 위해 연구가들은 피랍자들로부터 받은 진술을 일부러 다 공개하지 않습니다. 그것은 다른 피랍자들로부터 같은 부분을 확증받기 위해서지요. 예를 들어, 존 맥은 한 여성 피랍자에게 자궁 검사에 사용되었던 기계를 그리게 했습니다. 그리고 이를 자궁 검사를 당했다고 주장하는 다른 여성 피랍자의 그림과 비교해보았지요. 물론 이 두 여성은 서로 전혀 모르는 사이입니다. 그런데 그 두 그림이 일치했습니다. 이것은 두 여성이 납치를 당했으며, 자궁 검사가 행해졌다는 증거가 될 수 있지요. 그리고 재미있는 것은, 피랍자들의 상호 친목 지원 모임에 가면 간혹 피랍되었을 때 UFO에서 본 사람들끼리 만나는 경우도 있습니다. 서로를 기억하는 것이죠.

최준식 잠깐만요, 지금 말씀한 것처럼 어떤 특정한 두 피랍자가 같은 그림을 그렸다고 해서 그게 그 두 사람이 피랍되었었다는 증거가 된다는 것은 논리상 오류라고 생각합니다. 그러니까 일반화의 오류가 아닌가 하는 겁니다. 다시 말해, 이 한 사건을 통해 다른 모든 사건도 그럴 것이라고 생각해서는 안 된다는 것이지요. 다른 사건을 조사해보면 두 사람이 그리는 그림이 일치하지 않는 경우도 나올 수 있는데, 그러면 그때에는 그 한 사건 때문에 모든 피랍 체험이 다 허구라고 말씀하겠습니까?

그다음 이야기는 더 재미있네요. UFO 안에서 본 사람을 다시 만난다는 이야기 말입니다. 재미는 있지만 사실 수긍하기는 힘듭니다. 이렇게 이해하기 힘든 일들이 너무 많이 일어나니 받아들이기가 대단히 힘들군요.

지영해 비슷한 사건에서 피랍자가 그리는 그림이 다르다면 각 개인의 순수한 상상에서 나왔기 때문에 기구가 각각 다를 수 있다는 가능성도 배제하지 못합니다. 하지만 각자 다른 그림을 그렸다는 사실만으로 기술하는 사건이 허구적으로 진술되었다는 것을 논리적으로 증명할 수는 없습니다. 다른 종류의 외계인이 실시했거나, 혹은 다른 목적의 실험이었을 가능성도 있기 때문이지요. 하지만 하나의 사건을 놓고 서로 모르는 두 명 이상의 피랍자가 동일한 기구를 그렸다면, 그들이 우연의 일치로 그렇게 그렸을 가능성은 낮습니다. 만일 열 명이 동일한 기구를 그렸다면 그 가능성은 더더욱 낮습니다. 즉, 이것은 실제로 발생한 일일 가능성이 아주 높다고 할 수 있지요.

또 외계인이 피랍자의 몸에 심는다는 임플란트가 있습니다. 이것은 상당히 논란이 되는 이슈지요. 이 임플란트가 하는 일이 무엇인지는 모릅니다. 크게 두 가지 해석의 가능성이 있는데, 첫 번째는 많은 사람들이 주장하듯이, 피랍자의 이동 장소를 추적하면서 생각과 감정을 UFO로 전송하는 일종의 원격 모니터링 시스템이라는 것입니다. 두 번째는 외계인들이 추구하는 모종의 의학적 결과를 얻기 위해 몸의 균형을 잡아주거나 심지어는 그들이 원하는 방식대로 감정과 사고를 통제하는 디바이스라는 것이지요. 하여튼 뇌, 귀, 눈, 코, 팔, 몸체, 다리 등 몸의 곳곳에서 이런 임플란트가 발견되는데, 상당수가 뇌 속 깊은 곳에 박혀 있어서 꺼낼 수 없는 경우가 많습니다. 문제는 꺼낼 수 있는 것들을 꺼내 성분을 조사해보면 상당수가 지구상에서 발견되는 물질로 이루어졌다는 겁니다. 대부분의 사람들은 이제까지 알려지지 않은 새로운 물질로 구성되어 있기를 기대하지요. 그래서 오히려 임플란트의 성분을 증거로 피랍자들의 피랍 주장을 일축하는 사람들도 있습니다.

하지만 이런 주장은 몇 가지 오류가 있어요. 이들은 외계인들이 먼 다른 별에서 왔으니, 지구에서와는 다른 물질을 사용할 거라고 생각하는 것인데, 왜 외계인들이 꼭 먼 별에서 온다고만 생각할까요? 그들이 지구에 혹은 우리와 가까운 곳에 산다고는 생각할 수 없을까요? (이것은 아주 중요한 문제니까 나중에 다시 얘기하도록 하지요.) 또 왜 다른 별에서 온 문명이 개발한 임플란트는 지구상의 물질과는 다르게 구성되어 있을 거라고 생각할까요? 칼 세이건의 말대로, 우주는 어디나 같은 원소로 만들어져 있다는 사실을 사람들은 간혹 잊습니다. 그리고 전혀 새로운 물질이 있다 해도, 인간의 몸에서 잘 작동하기 위해서는 지구에서 발견되는 물질로 임플란트를 만들어야 몸의 저항을 가장 덜 받을 거라는 생각은 하지 못하나요?

이 이물질들은 엑스레이를 찍어보면 가끔 나타나기도 하는데, 피랍자들이 무엇이 궁해서 몸 안에 그것도 인간으로서는 삽입이 불가능한 뇌 속 깊은 곳에 이런 이물질을 집어넣을까요? 이런 요소들을 고려하면, 이 임플란트 장착설이 그저 사기라고 생각할 수만은 없다는 것을 알게 됩니다. 아니, 오히려 아주 가능성이 높은 이야기입니다.

임플란트가 다양한 물질적 증거의 하나이긴 하지만, 사실 피랍 사건에서 물질적인 증거는 그리 중요하지 않습니다. 상황적 증거가 더 유력한 증거가 되죠. 예를 들어, 친구나 형제가 같이 피랍되어 간 경우, 그들은 그 기억을 공유하고 있기 때문에 돌아와서도 그것을 기억합니다. 또 아이가 침실에서 피랍되면, 당연히 아이는 침실에 없게 되겠지요. 그동안 부모들이 아이를 찾아 집 안을 헤맵니다. 몇 시간 후 아이가 다시 침실이나 침실 옆 복도에서 발견되는데, 그때 부모는 아이로부터 이상한 악몽을 꾸었다는 얘기를 듣습니다. 이런 것이 상황적 증거입니다. 피랍을 믿지 않는 사람들은 이 수많은 피랍자들이 거짓말을 하고 있다고 생각하는데, 증거에 의거하지 않고 단순히 거짓말이라고 단정짓는 것 자체가 외계인 피랍은 상상의 산물일 뿐이라는 결론을 이미 내렸다는 의미겠죠.

최준식 교수님의 설명을 들어보면 이 피랍 체험을 너무 두둔하시는 것은 아닌가 하는 생각이 듭니다. 많은 다양한 사람이 이 체험을 했다고 하는데, 그 가운데는 환상을 이야기하는 사람도 많을 것으로 생각됩니다. 이렇게 생각하는 이유는, 제가 근사 체험을 연구하면서 주위에서 그 체험을 했다는 사람을 만나 이야기를 듣고 그런 결론을 내렸기 때문입니다. 사실 몇 사람밖에 못 만났습니다만, 그들의 체험은 한결같이 주관적인 것이었습니다. 의식이 없는 상태에서 무의식이 만들어낸 환상 같은 것을 말하는 것이었죠. 이처럼 UFO 피랍 체험도 그런 환상이나 환각 증세 혹은 특이한 심리적 성향에서 나왔다고 볼 수 있는 가능성은 없나요?

지영해 제가 피랍 현상의 실재성에 대해 너무 두둔하는 것 같은 인상을 줄 수도 있겠군요. 그런데 증거와 자료는 불충분할 수 있지만, 그로부터 도출되는 결론은 0퍼센트 아니면 100퍼센트여야 합니다. 즉, 자료가 50퍼센트 불충분하다고 결론도 50퍼센트에서 멈출 수는 없어요. 사건이란 것은 '있다' 혹은 '없다'입니다. 어중간하게 일부는 있고 일부는 없는 사건은 없습니다. 나중에 증거가 더 확보되면서 0퍼센트에서 100퍼센트로 획기적인 입장 전환은 있을 수 있어요. 나중에 완전히 입장을 바꿀 수 있는 가능성은 언제나 열려 있지만, 현재까지 나타난 증거들을 보면 외계인에 의한 납치 현상은 100퍼센트 현실로 벌어지고 있다고 생각합니다.

심리학자들이나 정신과 의사들이 하는 이야기가 바로 이것입니다. 외계인에게 납치되어 갔다는 것 자체가 정신적인 질환이 있거나 심리적으로 문제가 있는 사람들의 주관적 환상이라는 거죠. 예를 들어, 외계인 피랍 과정에서 겪었다고 주장하는 심리적 특성이나 고통 같은 것이 성학대를 당한 사람이나 악마 숭배자들이 비밀리에 행해지는 종교의식 과정에서 겪는 것과 비슷하다고들 합니다. 상상의 피랍 경험이 과거의 이런 충격적 경험이 가상적으로 만들어낸 스토리에 투사되어 마치 현실에서 발생한 것처럼 생각한다는 것이죠. 혹은 현실 탈출 욕구가 강한 사람들이 현실세계에서 이탈하고자 하는 심리가 강한 나머지 상상하는 경험이거나, 아니면 피가학적 성도착증이 있는 사람들이 성적 경험과 관련되어 고통스러운 경험을 무의식적으로 얻고자 하는 열망에서 가상적으로 외계인에 의한 납치와 생체실험을 만들어내고 그로부터 고통받는 그런 상상을 하게 된다는 것입니다.

이런 주장들은 어떻게든 UFO 현상을 기존의 물리학적 · 심리학적 패러다임 안에서 설명하다 보니 나온 것들입니다. 사실 피랍자들의 심리 분석 결과를 보면, 다른 사람들에 비해 특별하게 다른 것을 발견하기 어렵거든요. 현실 탈출 욕구가 강하다거나, 피가학적 성도착증이 있다거나 하는 증거가 없습니다. 피랍자들의 심리나 성격, 직업이나 사회적 신분 등을 보면 오히려 너무 평범한 사람들이죠. 여자와 남자 성별을 불문하고, 또 아이부터 장년까지 광범위하며, 무직자부터 학생, 가정주부, 사업가, 심지어 작은 공화국의 대통령 등 고위층까지 골고루 망라되어 있습니다. 만나보면 다들 정상적인 사람들이에요.

대부분의 심리학자들은 자신들이 피랍과 관련된 모든 증언을 다 들어보았지만 실제 피랍이 발생했다는 증거는 어디에도 없다고 주장합니다. 그런데 저는 거꾸로, 거의 모든 심리학자와 정신분석학자들의 반론을 읽어보았지만, 피랍 사건이 실제로 존재하지 않음을 설득력 있게 보여준 것은 단 한 건도 없었습니다. 심리학자들이 피랍자들의 심리 분석과 설명을 통해 피랍 사건의 실재성을 부정할 수 있는 방법은 없습니다. 심리학자 수전 클랜시

Susan Clancy의 경우를 예로 들어 설명해보지요.

클랜시는 피랍 경험이 실제로 발생한 일이 아니고 '허위기억'의 한 종류라고 주장합니다. 심리 평가 방법 중에는 허위기억증 성향이 있는 사람을 가려내기 위한 것으로 디즈 뢰디거 맥더멋 Deese-Roediger-McDermott, DRM 패러다임이라는 것이 있습니다. 예를 들어 '시다', '사탕', '설탕', '쓰다'처럼 서로 언어적으로 관련된 단어들의 목록을 보여준 뒤, 원래의 목록에 있었던 단어를 말해보라고 합니다. 그럼 허위기억증 성향이 있는 사람은, 실제로는 없었지만 언어적으로 관련성이 있는 '달다' 같은 단어가 있었다고 주장합니다. 클랜시는 어린 시절 성적 학대를 받았다고 주장하는 사람들이 다른 사람들에 비해 DRM 테스트에서 높은 허위기억 점수를 보이는 것을 근거로, 그들이 주장하는 어린 시절 성적 학대는 실제로는 없었을 가능성이 있다고 주장했습니다. 클랜시는 같은 테스트를 자칭 피랍자들을 상대로 시행했다고 주장합니다. 그 결과 그들 역시 정상인보다 더 높은 점수를 보였습니다. 이를 근거로 그는 자칭 피랍자들이 발생하지도 않았던 사건을 상상하여 마치 있었던 것처럼 믿는 성향이 크다는 결론을 내리고, 근본적으로 피랍 사건 자체의 존재를 부정했습니다. 이 주장은 그의 책《외계인 피랍: 어떻게 사람들은 자기가 외계인에 의해 납치되었다고 믿게 되는가 *Abducted: How people come to believe they were kidnapped by aliens*》의 133쪽에 나와 있습니다.

그런데 제가 보기에 클랜시의 방법에는 심각한 문제가 있습니다. 우선 그는 피랍자들의 DRM 점수가 정상인보다 얼마나 높은지 실험 수치를 제시하지도 않았습니다. 학술적인 의견을 개진하는 자리에서 이렇게 한 것 자체가 이미 큰 문제지만, 정당한 수치를 제시했다 해도 더 큰 문제는 DRM 테스트가 피랍 사건의 기억과 같은 문제에도 적용될 수 있다는 것을 보여주지 않은 채 이런 주장을 했다는 것입니다. 다시 말씀드리면, 단편적인 사물이나 개념에 대한 기억을 중심으로 하는 테스트가 피랍 기억과 같이 어린 시절부터 그 사람의 일생을 두고 벌어지는 장편 드라마 같은 기억에도 적용될 수 있다는 사실을 먼저 증명해야 하는데, 클랜시의 연구에는 그게 빠져 있습니다. 피랍 체험은 그렇게 간단한 것이 아닙니다. 피랍되어 외계인과 같이 있는 시간도 구체적일 뿐 아니라, 몇 시간에 걸친 긴 스토리가 있는 다이내믹한 과정입니다. 그런데 단순히 DRM 테스트에서 허위기억 점수가 높게 나온다고 피랍의 기억을 통째로 허위기억이라고 단정지어서는 안 됩니다.

클랜시의 주장을 예로 들었지만, 심리학적 이론을 가지고 피랍 경험을 부정하는 방식에는 근본적인 문제가 있습니다. 심리학자들은 현실도피적 성향, 허위기억, 피가학적 성도착증 등의 심인성·정신성 원인을 들면서 피랍 경험을 정신적 현상의 하나로 '설명'합니다. 그러나 '설명'은 '설명'일 뿐 '증명'이 아닙니다. 만일 어떤 사람이 어린 시절 성학대를 받았다고 주장한다면, 그 주장의 허구성을 '설명'함으로써 그것의 허구성을 '증명'할 수는 없습니다. 만일 어떤 사람이 아이스크림을 전년도보다 훨씬 많이 산다면 거기에는 많은 설명 방법이 있습니다. 올해 아이스크림 값이 싸져서, 혹은 올해 유난히 더워서, 또는 아주 친한 친구가 아이스크림 가게를 새로 열어서, 혹은 자녀들이 올해 유난히 아이스크림을 많이 먹어서 등 제3자가 내놓을 수 있는 해석은 수도 없이 많지요. 그러나 이것은 결정적 증명은 아닙니다.

물론 이들의 설명들도 이해는 됩니다. 어떤 것이 존재하지 않았다는 것, 어떤 사건이 발생하지 않았다는 것을 '증명'할 수는 없으니까요. 논리적으로 '피랍 사건은 존재하지 않는다'와 같은 부정적 진술을 증명할 수 있는 방법은 없기 때문이죠. 그렇다 하더라도, 성학대의 경우 실제 피학대자가 학대를 했다고 지목하는 사람을 찾아내고 그의 진술을 듣고, 또 당시 정황과 함께 목격자가 있으면 그 제3자의 진술 등을 근거로 실제로 성학대가 일어났는지를 결정해야만 합니다. 지금 현재 피학대자의 심리를 '설명'한다고 객관적 사건의 실재성이나 허구성이 '증명'되는 것은 아닙니다.

피랍 경험도 마찬가지입니다. 피랍이 실제로 일어났는지를 알기 위해서는 피랍되었다고 주장되는 시간에 그 사람이 집에 있었는가, 외계인이나 UFO 등이 근접 거리에서 목격되었는가, 피랍되는 그 순간을 본 사람이 있는가, 그의 진술에 일관성이 있는가, 그의 몸에 진술과 일치되는 상처나 다른 물리적 증거가 있는가 등 직접적인 증거에 기초함으로써만 그것의 허구성이나 실재성을 증명할 수 있는 것입니다. 물론 외계인들은 비밀리에 납치하며 기술적으로 마무리를 짓기 때문에 이러한 결정적 단서들을 찾기가 매우 어렵습니다. 따라서 간접적 혹은 정황적 증거들을 중심으로 판단해야 하는 경우가 대부분입니다. 하지만 그런 어려움이 있다고 해서 이 모든 것을 마음 혹은 정신의 차원으로 축소시켜 설명해버린다면 심리학은 이 세상 어떤 것도 '증명' 못할 게 없을 겁니다.

최준식 지 교수님의 말씀에 동의합니다. 모든 것을 다 심리적으로 설명하는 것에 대해서는 저도 반대합니다. 그리고 어떤 실제 현상을 심리적으로 '조금' 설명했다고 해서 그 현상의 실재성을 부정하는 것은 월권이라는 생각도 강하게 갖고 있습니다. 우리는 모든 학문이 자신들의 영역을 정확하게 구획 지을 필요가 있다고 생각합니다. 물론 이 일은 절대 쉽지 않습니다. 그러나 가능한 한 자신의 한계를 넘어서지 않도록 노력해야 합니다. 그리고 자신이 모르는 것은 모른다고 해야지, 그것이 틀렸다고 주장해서는 안 됩니다.

이와 관련해서 대표적인 예가 영혼의 실재에 대한 것입니다. 이에 대해 자세한 말씀은 안 드리겠습니다만, 유물론에 입각한 과학자들은 자신들이 신봉하는 유물론의 틀에 맞지 않는다고 해서 영혼을 부정하는데, 이것은 분명 월권입니다. 이 분야는 그들의 영역이 아닙니다. 따라서 그들은 이 문제에 대해 대단히 조심스럽게 결정해야지 무조건 부정하는 것은 옳지 않습니다. 그렇다고 해서 제가 무조건 영혼만 주장하는 극단적인 종교가들을 두둔하는 것은 아닙니다. 저는 이런 사람들에게 가까이 가느니 과학자들과 노선을 같이하는 게 낫다고 생각합니다.

제가 보기에 이런 논란들은 결과가 뻔합니다. 무슨 말인가 하면, 이는 처음부터 논리의 싸움이라기보다 감정적인 갈등에 가깝다는 것입니다. 그래서 결론은 논쟁하기 전에 이미 다 나 있는 것이지요. 이런 초자연적인 현상을 태생적으로 싫어하는 사람들이 있습니다. 이들은 처음부터 이런 현상을 받아들이지 않기로 마음을 먹고 논쟁에 임합니다. 그래서 아무리 증거를 들이대도 절대로 안 믿습니다. 반면 이런 현상을 좋아하는 사람들은 별 증거가 없어도 무조건 받아들이기로 하고 논쟁을 시작합니다. 서로가 자신들에게 유리한 증거만 제시하고, 자신들의 주장과 다른 것이 나오면 억지 주장으로 그것을 공격합니다. 그래서 이런 논쟁은 하나마나한 것이 되는 경우가 많습니다.

지영해 그렇습니다. 심리학자들이라 하더라도, 이미 어떤 입장이 결정되어 있고 과학은 자기의 입장을 정당화하기 위해서만 사용하는 경우가 많지요. 참고로 심리학 학술지인 《심리학 탐구 Psychological Inquiry》 1996년 7호를 보시면, 피랍 사건의 가능성에 대한 특집을 실었는데, 피랍 사건이 다만 일종의 심리적 병리 현상의 결과인지 아니면 실제로 벌어지고 있는 일인지에 대해 전문가들이 찬·반 양진영으로 나뉘어 논쟁을 하고 있습니다.* 물론 찬성파는 캐럴라인 맥러드Caroline C. McLeod, 바바라 코르비지에

Barbara Corbisier, 존 맥 등 소수에 지나지 않지요.

분명한 답이 없는 상황에서 어떤 사건을 설명하는 데 어떤 것이 가장 적합한지, 혹은 문제를 해결하려 할 때 어떤 해법이 가장 좋은지를 판단하는 개념이 하나 있어요. '오컴의 면도날Occam's Razor'이라는 것인데, 이 개념에 따르면 가장 적은 수의 가정을 상정하는 해석이 가장 우수한 설명이며 가장 좋은 해법입니다. 많은 심리학자들을 포함해 피랍 현상을 부정하는 사람들은 자기들의 입장을 방어하기 위해, 피랍의 이런 면은 인간 심리의 이런 점이 반영된 것이고, 피랍의 저런 면은 사회 · 문화적으로 저런 점

● Steven Jay Lynn & Irving I. Kirsch, Alleged Alien Abductions: False Memories, Hypnosis, and Fantasy Proneness. *Psychological Inquiry*, 1996, Vol. 7 Issue 2, pp. 151–5
; Caroline C. McLeod, Barbara Corbisier, and John E. Mack, More Parsimonious Explanation for UFO Abduction. *Psychological Inquiry*, 1996, Vol. 7 Issue 2, pp. 156–167
; Martin T. Orne, Wayne G. Whitehouse, Emily Carota Orne, and David F. Dinges, "Memories" of Anomalous and Traumatic Autobiographical Experiences: Validation and Consolidation of Fantasy Through Hypnosis. *Psychological Inquiry*, 1996, Vol. 7 Issue 2, pp. 168–172
; Michael Ross & Ian R. Newby, Distinguishing Memory From Fantasy. Psychological Inquiry, 1996, Vol. 7 Issue 2, pp. 173–6
; Donald P. Spence. Abduction Tales As Metaphors. *Psychological Inquiry*, 1996, Vol. 7 Issue 2, pp.177–9
; Michael J. Strube, The Truth Is Out There. *Psychological Inquiry*, 1996, Vol. 7 Issue 2, pp.180–4
; Leonard S. Newman & Roy F. Baumeister, Not Just Another False Memory: Further Thoughts on the UFO Abduction Phenomenon. *Psychological Inquiry*, 1996, Vol. 7 Issue 2, pp.185–197.

이 반영된 것이라는 등, 수없이 많은 가정을 붙입니다. 피랍자들이 경험하는 다양한 현상을 설명하기 위해 심리학자들이 동원하는 가정이 얼마나 많은지 제가 조금 전 말씀드리지 않았습니까.

그러나 피랍자들이 경험했다고 하는 현상들은 그저 '피랍이 실제로 일어나고 있다'고 가정하면 모든 것이 명쾌하게 설명됩니다. UFO 출몰 현상도 마찬가지입니다. 과학자를 포함한 많은 사람들이 별의별 어렵고도 복잡한 가정과 전제조건, 설명들을 붙이면서 그 실재성을 부정하지만, '현저히 앞선 문명이 UFO를 타고 우리에게 나타나고 있다'고 하면 단번에 설명되는 것입니다.

QUESTION **그래도 주류 과학자들을 설득하려면 더욱 엄밀하고 강력한 증거를 제시할 필요가 있지 않을까요? UFO 피랍 체험이 앞에서 본 것처럼 환상이 아니라 본인들이 의식적으로 만들어낸 이야기라고 주장할 수도 있겠다 싶습니다. 그러니까 우리 시대에 유행하는 영화나 소설 같은 것에서 영향을 받아 지어낸 얘기가 아닌가 하는 것이죠. 이에 대해서는 어떻게 생각하는지요?**

지영해 '내가 UFO를 봤다' 하는 정도의 체험은 영화나 소설을 읽고 그 영향을 받아 하늘에 그런 것들이 날아가는 것을 보았다고 할 수 있는 가능성이 있습니다. 하지만 피랍 경험은 그렇게 할 수가 없어요. 그것은 UFO 목격처럼 순간적인 경험이 아니라, 스토리가 있는 한두 시간의 사건이고, 그런 사건이 수년, 심지어는 일생을 통해 반복되는 긴 장편소설 같은 경험입니다. 이 경우 피랍 체험을 말하는 사람은 일부러 거짓말을 하고 있든가, 아니면 사실을 말하고 있든가 둘 중 하나에 해당한다고 할 수 있습니다.*

또 피랍을 믿지 않는 사람들은 지난 10~20년에 걸쳐 피랍을 다루는 다큐멘터리나 영화가 많이 나와서 사람들이 그런 것의 영향을 받아 피랍 체험을 꾸며내고 있다고 주장합니다. 그러나 외계인 피랍 사건은 그런 것들이 세상에 나오기 훨씬 전부터 보고되었습니다. 예를 들어, 이미 1957년에 브라질의 안토니오 빌라스 보아스가 피랍 경험을 보고했고, 1961년에는 미국에서 베티와 바니 힐 부부도 보고했지요. 피랍 경험이 영화 등으로 널리 대중적으로 알려진 것은 1980년대부터입니다. 오히려 스티븐 스필버그 같은 영화제작자들이 이미 벌어지고 있는 사건으로부터 작품 아이디어를 얻은 것이지요.

최준식 그러면 이 주제를 다룬 영화에 대해서도 잠시 설명해주면 좋겠습니다. 제가 알기로는 이 주제를 가장 처음으로 다룬 영화는 앞에서 잠깐 거론한 스필버그 감독의 〈미지와의 조우〉이고, 가장 최근 작품으로는 2000년에 실화를 바탕으로 만들어진 〈포스카인드*The Fourth Kind*〉가 있습니다. 이외에 어떤 영화가 더 있고, 어떤 내용인지 소개해줄 수 있을까요?

---

* 제3의 가능성도 고려해볼 수 있다. 예를 들어, 이런 유형의 이야기는 인류가 무의식적으로 축적해온 어떤 상징적 체계의 발현일 가능성도 있다. 실제로 몇몇 피랍 연구자가 카를 융의 집단무의식 이론을 긍정적으로 검토하고 있다.

지영해 현실에서 피랍당했다는 사람들의 증언이 하도 흥미진진해서 저는 피랍 영화를 많이 못 봤습니다. (웃음) 하지만 두 영화는 봤어요. 〈미지와의 조우〉는 마지막 순간에 나오는 거대하고 화려한 UFO가 인상적이라 잊혀지지 않습니다. 사실 항공모함이나 축구장보다 몇 배나 큰 UFO도 많이 목격되어서 사이즈는 문제가 되지 않습니다만, 그렇게까지 오색찬란하게 치장을 한 UFO는 이제까지 보고된 적이 없습니다.

〈포스카인드〉는 '알래스카 놈Nome에서 2000년에 있었던 실화를 바탕으로 만들었다'라는 허구의 상황을 놓고 만든 2009년도 영화죠. 사실 실화에 바탕을 둔 것은 아니지만 대부분 피랍자들이 겪는 과정과 심리적 공포를 잘 그린 것 같습니다. 그런데 외계인이 '수메르 언어'를 사용해 인간과 소통한다는 부분은 너무 '뉴에이지'적인 분위기가 많이 납니다.● 외계인이 사실은 고대 문명의 주창자이고 이들은 아직도 어딘가 살아 있다는 것이 많은 '뉴에이지' 신봉자들이 믿는 내용이죠. 그런데 신뢰성 있는 UFO 목격담이나 피랍 경험담 중에 외계인이 고대어를 사용한다든가, 고대 문명과 연결되었다고 증언한 사람은 한 명도 없습니다. 하지

● 수메르 신화에 등장하는 신들이 외계인들이고, 이들에 의해 지구 문명이 형성되었다는 주장이 제카리아 시친(Zecharia Sitchin)에 의해 제기되었다. 그는 수메르 신화 해석을 통해 고대 수메르 왕족이 외계인들과의 혼혈이라고 주장하기도 했다. 그에 의하면, 태양계에 열두 번째 행성 니비루(Nibiru)가 존재하고, 그곳에서 '아눈나키'라는 외계인들이 수천 년 전 지구를 방문해 인간을 창조했다고 한다.

만 영화에서는 그런 상황 설정이 신비한 분위기를 만들어내는 데 큰 몫을 하지요.

최준식 아, 외계인과의 소통 문제가 나왔군요. 이것도 면밀하게 따져봐야 하는데, 나중에 집중적으로 보기로 하지요. 그런데 저는 영화를 보지 않아서 잘 모릅니다만, 이 영화가 실화가 아니었군요? 저는 실화인 줄 알고 예고편을 봤는데 내용이 좀 엉뚱해서 이상하다고 생각하고 있었습니다. 특히 등장인물들이 흡사 악령에 씐 것처럼 무섭게 나오던데, 좀 과장된 것 아닌지 모르겠습니다. 그리고 수메르 언어로 외계인과 인간이 소통하는 것도 그렇습니다. 감독이 이렇게 설정한 이유는, 말씀한 것처럼 외계인과 고대 문명을 연결시키려는 의도였겠지요. 그런데 저는 이런 '뉴에이지'적인 접근이 외려 UFO 현상에 대한 신뢰도를 떨어뜨린다고 생각합니다. UFO 현상은 그렇지 않아도 공격을 많이 받고 있는데, 이런 식으로 접근하면 공격할 수 있는 근거를 하나 더 제공하는 셈입니다. 그렇게 굳이 신비롭게 보이도록 만들 필요가 있을까요? 게다가 이 영화는 은근슬쩍 실화를 표방하고 있는데, 그럴 경우 반대파에서는 실화라고 상정하고 비난을 할 것 같습니다.

QUESTION **피랍자들의 피랍 체험이 사실은 다른 사람들로부터 관심을 끌기 위해 지어낸 이야기라고 볼 수도 있지 않습니까?**

지영해 UFO 피랍 체험을 보고한 사람들이 다른 이들로부터 관심을 받고 싶어서 그런 이야기를 지어냈다는 주장도 대부분 현실과 동떨어진 이야기입니다. 물론 제가 조사한 사람들 가운데 몇몇 그런 사람들이 있었습니다. 이 경우 거짓으로 만들어냈다는 것이 금방 드러납니다. 경험했다고 하는 스토리에 진정한 요소는 없는데 스토리 자체는 너무도 그럴싸합니다. 그리고 그것을 자랑스럽게 떠들고 다니지요. 그러나 최면요법 등을 통해 그 기억을 완전히 회복했을 때, 실제의 모습으로 나타난 피랍 체험은 끔찍할 정도로 무서운 경험입니다. 보통 이 체험에서는 납치 주체인 외계인들이 피랍자의 기억회로를 혼란시켜서, 자신에게 도대체 무슨 일이 일어나고 있는지 모르는 혼돈의 상태로 남게 만드는 것 같습니다. 이 무지와 혼란의 상태가 더욱 고통스러운 것이죠. 그래서 실제 피랍 체험을 하고 그 해석을 듣기 위해 피랍 연구자들을 찾는 사람들은 이런 내면의 고통 때문에 자신의 이야기가 다른 사람들에게 알려지기를 원치 않습니다. 정신이상자처럼 알려져서 자신에게 피해가 돌아오지 않을까 걱정하는 것이지요.

한 예로, 런던 근교 헤멜 헴프스테드Hemel Hempstead에서 성공적으로 중소기업을 운영하고 있는 48세의 영국 남자가 저를 찾아와 어릴 때부터 이어져온 피랍 경험을 이야기했습니다. 하지만 막상 최면요법을 통해 기억을 회복시켜보자고 하니, 자신은 사업이 완결되고 일선에서 물러날 때까지는 이 문제를 보류하고 싶다고 하더군요. 자기 사업에 미칠 수도 있는 부정적인 영향 때문에 당분간은 조용히 살고 싶다는 것이죠. 이것이 대부분 피랍자들의 정상적인 반응입니다. 다른 사람으로부터 무언가 관심을 끌려고 하는 사람들은 외계인 피랍의 진정한 케이스도 아니고, 그 수도 많지 않습니다.

QUESTION **UFO 출현과 외계인 피랍 문제는 어떻게 연결되어 있는 걸까요?**

지영해 이 질문에 대한 답은 지금까지의 우리 대화에서 이미 어느 정도 이야기가 되었습니다. UFO 출현과 피랍 문제는 외계인의 존재와 관련해 동전의 앞뒷면이라고 볼 수 있습니다. 피랍자들이 피랍 순간을 기억할 때, 그들은 그때 UFO가 나타난다고 말합니다. 그리고 케이스는 많지 않지만, 옆에서 피랍 순간을 목격한 사람들이 다른 피랍자들이 UFO로 빨려들어가는 것을 실제 두 눈으로 생생히 보는 경우도 있습니다. UFO가 인간에게 근접하거나 특히 한적한 곳에서 차 위를 지나가는 경우, 그냥 목적 없이 나타나지 않습니다. 이것은 대부분의 경우, 인간은 기억을 못하지만, 납치를 할 때 나타나는 현상입니다. 이 말은 UFO를 조종하는 고등 생물체가 인간을 납치하는 주체라는 이야기입니다. 그리고 납치하는 목적은 인간을 UFO로 데려가서 생체실험을 하고 자신들과의 혼혈종을 만드는 데 있습니다.

따라서 연구자들에게 UFO 데이터는 외계인 피랍 사건을 좀 더 신빙성 있게 만듭니다. 피랍 현상은 몇 가지 물질적 증거가 남는 경우를 제외하고는 대부분 피랍자의 기억에 근거하는 현상입니다. 반면 UFO는 수많은 물질적인 증거가 남아 있습니다. 피랍 사건이 벌어지는 곳 가까이에서 UFO 출몰이 목격된다는 것 자체가 피랍 사건의 확실성을 더해준다는 이야기죠. 마찬가지로 피랍 사건은 UFO 목격 사건을 좀 더 신빙성 있게 만듭니다. 외계인들이 그냥 심심해서 드라이브 삼아 UFO를 몰고 이리저리 다니는 게 아니라는 것이죠. 그들은 목적을 갖고 우리에게 옵니다. 납치 현상은 UFO 방문과 관련하여 '왜?'라는 질문에 대답을 주고, 그리하여 외계인의 출몰 현상에 좀 더 완성되고도 통일적인 그림을 그릴 수 있도록 돕지요.

최준식 교수님은 앞에서부터 이 피랍 현상이 실재한다고 단정적으로 말씀해오셨는데, 여기서는 아예 UFO가 인간에게 접근하는 것은 납치를 위해서라고 강하게 단정하는 느낌을 받습니다. 게다가 그렇게 납치해다가 혼혈종을 만든다고까지 말씀합니다. 그런데 이런 이야기들은 일반 독자들에게 큰 충격을 줄 수도 있을 것 같습니다. 이 혼혈종 문제는 데이비드 제이컵스 교수가 많이 이야기하는 것으로 알고 있는데, 이 문제에 대해서는 앞으로 더 많은 설명을 해주길 바랍니다. 특히 독자들이 납득할 만한 설명이 있으면 좋겠습니다.

그런데 앞에서 교수님이 로스웰 사건을 이야기할 때 외계인들이 인간을 납치할 때 실수를 하는 경우가 있다고 하셨는데, 그게 아주 흥미롭습니다. 저는 외계인이 우리 인간과는 비교도 안 되게 월등한 존재라고 생각합니다만, 그렇다고 모든 것을 해결한 지고의 존재라고 보지는 않습니다. 그래서 실수를 하는지 모르지만, 제 개인적인 생각으로는 그들이 비행체를 잘못 운전한다든가 인간을 납치할 때 무언가 실수를 한다는 이야기는 받아들이기가 어렵습니다.

지영해 월등한 문명을 자랑하는 외계인도 실수를 할 수 있냐고요? 보통 '실수'라고 할 때, 어떤 행동이 예측했던 것과는 다른 결과에 이를 때 그 원인이 된 비정형성irregularity을 놓고 그렇게 부릅니다. 즉, 의도와 결과 사이에 심각한 비대칭성을 가정하고 거기에 인간 특유의 부정적인 가치판단을 끼워넣어 사용하는 개념이지요. 실수라는 단어에 늘 '무능', '열등' 같은 부정적인 가치판단이 결부되는 이유는, 목적에 합치되지 못한 생각이나 행동은 언제나 목적에 합치되는 생각이나 행동에 비해 바람직하지 않다고 보기 때문이죠. 하지만 합리적인 존재치고, 어떤 수단이 어떤 목적에 부합하지 않는 줄 알면서 선택하는 경우는 별로 없습니다. 다만 지식과 정보가 부족하거나 잘못되어서 목적에 부합하지 않는 생각이나 행동을 하게 되는 것이지요. 목마른 사람이 갈증을 해소하려고 일부러 간장을 퍼 마시는 경우는 없습니다. 그게 물인 줄 잘못 알고 마실 뿐이지요. 이것은 자기가 마시고자 하는 액체에 대해 완전한 정보를 갖지 못했기 때문이거나 그런 정보가 충분히 공개되지 않았을 때 일어나는 일입니다. 즉, '실수'라는 것은 엄밀히 말해, 그 사람 자체가 열등해서라기보다는 완전한 지식과 정보가 공개되지 않은 채 어떤 선택과 행동을 해야 할 때 벌어지는 상황입니다. 이것이 바로 최 교수님이 말씀한 대로 외계인은 인간에 비해 월등한 존재지만, 이들 또한 '열등'한 선택을 할 수도 있는 이유입니다. 그들에게 인간에 대한 모든 정보가 다 완벽하게 공개되어 있지는 않기 때문이죠. 이게 바로 제가 신 아래 모든 피조물은, 외계인을 포함해서 모두 실수를 하게 되어 있다고 말씀드린 이유입니다.

이 지구와 인간에 대한 정보가 외계인들에게 완벽하게 공개되어 있지는 않습니다. 아직 인간과 사회, 문화에 대한 그들의 연구와 지식은 끊임없는 '진행형'입니다. 그래서 인간을 납치할 때 외계인들도 실수를 합니다. 한적한 도로를 운행하던 차를 통째로 들어올린 다음, 몇 시간 후 생체실험을 마치고 차를 내려놓을 때, 잘못해서 도로 반대편에 내려놓습니다. 이때 운전자는 어리둥절한 상태에서 보통의 의식으로 돌아옵니다. 대개는 밤에 운전을 하다가 하늘에서 이상한 불빛이 접근하는 것까지 기억하지요. 그러고는 갑자기 반대편으로 운전을 하고 있다거나 혹은 몇 킬로미터 떨어진 곳에서 운전하고 있는 자신을 발견합니다. 한두 시간이 흐른 뒤에 말이죠.

코믹한 실수도 있습니다. 어떤 남성 피랍자는 이제까지 본 적도 없는 다른 사람의 잠옷을 입고 침실에 누워 있는 자신을 발견합니다. 가끔 옷이 안팎이 뒤집힌 채 입혀 있을 때도 있습니다. 옷의 개념이 없는 외계인들은 그저 군복처럼 아무한테나 아무

옷을 입히면 된다고 생각하는 것 같아요. 인간에게 침실이나 잠옷 같은 것이 얼마나 사적인 성격과 독립성 그리고 개인적인 미적 감각, 사생활과 깊이 관련되어 있는지를 아직 모르기 때문입니다. 하지만 아직까지 남녀의 잠옷이 바뀐 경우는 없는 것을 보면, 이들은 남녀만 잘 구분하면 된다고 생각하는 것 같아요.

그리고 그들은 자물쇠로 굳게 잠겨 있는 문 같은 것은 신경도 쓰지 않습니다. 아니, 신경을 안 쓰는 게 아니고 문을 잠근다는 개념이 아예 없는 것인지도 모릅니다. 예를 들어, 영국인 피랍자 스티븐 존스Steven Jones는 1973년 1월 17일, 추운 겨울밤에 친구 집에서 자다가 피랍되었어요. 아침에 눈을 떠보니 팬티만 입은 채 5킬로미터나 떨어진 또 다른 친구 집 방에서 자고 있었습니다. 재미있는 것은, 이 친구 집의 문들이 모두 방범자물쇠로 철저히 잠겨져 있고 방범경보 장치까지 설치되어 있었다는 겁니다. 문도 안 열어줬는데 스티븐이 어떻게 안으로 들어와 자게 되었는지, 그리고 그 추운 밤에 벌거벗은 채 어떻게 5킬로미터를 이동해 왔는지 아무도 몰랐어요. 물론 스티븐은 그날 밤 외계인에 의해 비행선으로 납치되었던 순간들을 부분적으로 기억하고 있었습니다.●

외계인들이 실수를 하는 이유 가운데 하나는, 그들에게 인간의

● Steven Jones, *An Invitation to the Dance: the Awakening of the Extended Human Family* (Essex: Little Star Publishing, 2010), pp. 49–68.

주택과 범죄 그리고 방범 같은 개념이 생소하기 때문입니다. 그들에게는 우리와 같은 소유권 개념이 없으며, 따라서 도둑이라는 개념을 이해하기도 힘들 겁니다. 외계인들에게 도둑이라는 걸 설명하면 아마 '주로 밤에 다른 사람이 깨지 않게 소리를 내지 않고 한 집에 있는 물건을 다른 집으로 옮기는 사람' 정도로 이해할 겁니다. 게다가 인간을 납치할 때 그들은 벽이나 천장을 직접 통과해 들어옵니다. 이들에게 문을 잠근다는 개념은 정말 이해하기 힘든 개념일 겁니다. 마치 '자, 아이야! 여기 내려놓을 테니, 네가 저 벽을 뚫고 들어가면 되지? 잘 자라', 뭐 이런 식인 거죠.

어쨌든 인간의 생활과 행태에 대한 불충분한 지식으로 인해 납치 후 본인의 집에 데려다놓아야 하는데 남의 집에 데려다둔다거나, 논리적으로 밤에 문이 잠긴 집 밖에 데려다놓아야 하는데 집 안에 들여다놓는 등, 어찌 보면 '귀여운' 이런 실수들을 한다는 것이죠.

그리고 엄밀히 말해 '실수'는 아니지만, 혼혈종의 생산과 관련해서도 이들의 한계가 드러납니다. 앞에서 말씀드렸듯이 많은 여성 피랍자들은 난자를 채취당하고 단기 임신의 경험이 있은 후 다시 UFO로 피랍됩니다. 이때 UFO 안에서 자주 혼혈종 아이들을 만납니다. 그중에는 직감적으로 뭔가 잘못되어 저 아이는 오래 생존할 수 없겠구나 하고 느껴지는 아이들이 있다고 합니다. 다른 정상적인 혼혈종에 비해 삶의 에너지가 턱없이 부족하게 느껴지고 왠지 건강한 생명체로 살아남기 힘들 것 같은, 피폐

한 혹은 창백한 모습의 어린 혼혈종이 보인다는 거죠. 예를 들어 볼까요. 한국에서도 방영되었던 유명한 TV시리즈 〈SOS 해상구조대Bay Watch〉 제작팀에서 사진부를 맡았던 여성 피랍자 킴 칼스버그Kim Carlsberg의 경험입니다. 어느 날 밤 피랍되었을 때 외계인이 자기에게 금방 태어난 듯한 혼혈종을 안겨주었는데, 그 아기를 직면했을 때 너무 작고 허약해 살아남을 수 없겠다는 직감이 들었다고 합니다.● 데이비드 제이컵스가 인터뷰했던 여성 피랍자 바바라 아처Barbara Archer도 같은 진술을 합니다. 자기가 본 혼혈종 아기가 너무 허약해 마치 조산된 미숙아처럼 보였다는 것이죠.★ 만일 이들 피랍자들의 직감이 맞다면, 이런 혼혈종 아기들은 실패한 유전자 조작의 결과라고 볼 수도 있지 않을까요? 외계인들도 생존 가능성 높은 혼혈종 생산을 목표로 삼지 않겠습니까? 그러니까 이건 일종의 프로젝트 실패, 즉 넓은 의미에서 '실수'라고 할 수도 있겠죠.

그러나 위에서 말씀드린 바와 같이, 이 경우에도 인간 유전자와 그들 유전자의 합성에 관한 지식이나 정보, 혹은 경험이 아직 축적되지 않아서 그런 일이 발생한 것이지, 그들 자신이 특별히 '열등'해서 그렇게 된 것은 아닐 것입니다. 다만 차이는 월등한

● Kim Carlsberg, *Beyond My Wildest Dreams: Diary of a UFO Abductee* (Santa Fe, New Mexico: Bear & Company Publishing, 1995), p. 100.

★ David M. Jacobs, *Secret Life: Firsthand Accounts of UFO Abductions* (London: Fourth Estate Ltd., 1992), p. 166.

문명은 덜 월등한 문명보다 혹은 열등한 문명보다 더 빨리 실패율을 줄이고 목표 지점에 도달할 수 있다는 것이지요. 저는 외계인 혹은 외계 문명의 월등함을 인간적 열악함과 신적 완벽함, 그 양자 간의 흑백 선택이 아닌, 완전성-불완전성 스펙트럼 위에서 무수한 중간 단계의 하나로 보고자 합니다.

최준식 잠시만요, 지금 지 교수님의 말씀에는 대단히 흥미로운 이야기도 많지만, 어떻게 들으면 아주 기괴하고 황당한 이야기도 적지 않네요. 우선 피랍자에 대해서 이렇게 많은 연구가 이루어졌다니 놀랍군요. 저는 그저 대표적인 학자들의 책만 접했기 때문에 이렇게 상세한 내용이 보고되고 있는지 미처 몰랐습니다. 교수님이 이야기해준 것 가운데 우선 외계인들이 지구인들을 납치했다가 뒤처리를 잘못하는 경우는 무척 재미있네요. 물론 그 피랍자들의 체험과 증언이 사실이라는 가정 아래서 그렇다는 말입니다. 저는 그들의 체험을 많이 접해보지 않아 확실히는 모르는데, 그렇듯 생생하게 증언하고 있으니 그들의 말을 믿지 않을 수도 없고, 그렇다고 덥석 믿어버릴 수도 없고…… 참으로 난감하군요. '냉정과 열정' 사이가 아니라 '황당과 진지' 사이에서 어쩔 줄 모르고 헤매고 있는 심정입니다.

지영해 만일 어떤 사람이 서울의 모든 빌딩은 사실 치즈로 만들어졌는데, 사람들이 그것을 모르고 있을 뿐이라고 주장한다면, 황당함을 느끼는 게 당연합니다. 그러나 그렇게 느끼기에 앞서, 그렇게 전제했을 때 지금까지 이해할 수 없었던 이상한 사건들을 비로소 설명할 수 있게 되고, 그리하여 더 커다란 내재적 일관성을 갖고 서울에서 벌어지는 일들을 이해할 수 있다면, 그 치즈 이론을 심각하게 받아들여야 할 것입니다.

그러나 저는 아직 서울의 모든 빌딩이 벽돌과 콘크리트로 만들어졌다고 믿습니다. 치즈로 만들어진 빌딩으로 한 나라의 수도를 구성한다는 것이 너무 황당한 이야기라서가 아닙니다. 태양이 지구를 도는 것이 아니고 지구가 태양 주위를 돈다는 것처럼, 인류의 역사는 항상 황당한 이야기가 정상적인 사실이나 상황으로 인정되면서 한 단계씩 발전해왔습니다. 서울에 치즈에 매료된 정신이상자들만 모여 산다면 모든 건물을 일단 치즈로 만들려고 할 수도 있겠지요. 그 때문이 아니라, 아직 서울 시내가 치즈 냄새로 가득 차거나 쥐들로 들끓는다는 그럴싸한 증거가 없기 때문에 저는 그 치즈 이론을 믿지 않습니다.

최준식 그런데 방금 전 말씀에 몇 가지 의문이 듭니다. 우선 피랍된 여성들 가운데 단기 임신을 한 사람이 있다고 하셨는데, 단기 임신이라는 게 무엇입니까? 사람이 임신을 하면 그 기간이 무조건 열 달 아닌가요. 그보다 짧게도 임신할 수 있다는 말씀인지요? 그다음 이야기도 이해하기가 아주 곤란합니다. 그런 여성들이 UFO 안에서 덜떨어진, 다시 말해 피폐하고 창백한 혼혈종을 목격한다고 하셨는데, 이쯤 오면 난감의 극치가 됩니다. 지금 제 입장에서는 혼혈종의 존재 자체를 받아들이기도 힘든데, 잘못 만들어진 혼혈종 이야기까지 나오니 이제는 현기증이 날 지경입니다. (웃음) 이 이야기에 대해서는 일반 독자들도 같은 심정일 겁니다. 혼혈종에 대해서는 다음 장에서도 또 다루게 되겠습니다만, 기회가 허락하는 대로 간간이 이야기해보지요. 그만큼 중요하다고 생각되니 말입니다.

지영해 모든 이야기는 여성 피랍자들의 진술에 의거한 것입니다. 피랍 여성들은 10개월 동안 혼혈종 태아를 임신하고 있을 수 없습니다. 그녀들이 혼혈종 태아를 배에 품고 있는 시간은 자신이 임신을 했는지 모를 정도의 기간이어야 하니까요. 만일 두세 달이 지나버리면, 여성들이 임신할 이유가 없는데도 임신 증상이 나타나니 병원에 가서 검사를 받을 것이고, 의사도 관심 있게 지켜볼 것입니다. 물론 많은 여성들은 초기에 자기 몸에 변화가 있다는 것을 알아차립니다. 하지만 외계인들은 근거리 혹은 원거리에서 정신적 통제 혹은 위협 등의 수단으로 의사를 만나지 못하도록 합니다.

최준식 네? 의사를 만나지 못하게 한다고요? 아니, 그게 어떻게 가능합니까? UFO에 타고 있다고 믿어지는 외계인들이 무슨 수로 인간 여성이 병원에 가는 것을 막는다는 말입니까? '원거리 정신적 통제'는 또 무엇이죠? 그럼 인간은 완전히 모르모트에 불과한 것 아닙니까? 그리고 2~3개월 동안 임신을 하고 있으면 생리가 끊어져 당사자가 곧 임신 사실을 알 텐데, 그런 것들을 외계인들이 어떻게 처리해서 당사자가 모르는 채 지나가는지 여간 궁금한 게 아닙니다. 믿을 수 없는 이야기들이 계속 나오고 그 강도도 자꾸 강해지니까 어떻게 대처를 해야 될지 잘 모르겠습니다. 앞으로 나올 이야기들은 더 믿기 어려운 내용일 것 같은데 어떻게 응대를 해야 할지 감감합니다. ……어찌 됐든 설명을 계속해주시지요.

지영해 피랍자가 평소와는 다른 신체적 반응을 감지하고 있음에도 불구하고 아마 우리가 모르는 형태의 통제가 이루어지는 것 같아요. 한 가지 가능성은, 수정란 착상 시 의사를 만나지 못하도록 무의식 속에 명령을 집어넣는 것입니다. 이는 가끔 사람들 사이에서도 최면술로 가능한 기법 아닌가요? 둘째는 임플란트를 머릿속에 삽입해 원거리 통제를 하는 경우입니다. 많은 피랍자들이 의사와 약속을 한 후 곧바로 피랍을 당하거나 임신 증상이 사라졌다고 보고하는데, 여기에는 임플란트를 통한 원거리 모니터링이 작용하는 것이 아닌가 생각됩니다. 하여튼 태아가 더 크기 전인 임신 2개월 정도에 인간 여성이 다시 피랍되고 혼혈종 태아는 자궁에서 추출됩니다. 그리고 액체 인큐베이터 안에 넣어져 성장하죠. 그들의 탄생지는 바로 UFO인 겁니다. 여성들은 자신도 모르는 사이에 자궁만 2개월 빌려준 다음 일상생활로 되돌아오는 것이죠.

최준식 네? 임신 2개월째에 태아를 추출한다고요? 그런데 그렇게 추출된 태아가 살아남을 수 있나요? 그때 태아의 크기는 2~3밀리미터에 불과하고 몸무게는 4그램밖에 안 될 텐데요. 물론 이렇게 작아도 주요 내부 기관들은 작게나마 다 형성이 되어 있지만,

이렇게 어린 태아가 엄마의 자궁을 떠나 생존할 수 있을지 모르겠습니다. 인간의 기술로는 분명히 안 되는 일입니다. 외계인들의 기술로는 가능한 모양인데, 그들의 기술이 그렇게 앞서 있다면 또 의문이 드는군요. 굳이 2개월을 기다릴 것도 없이 수정 때부터 모든 일을 UFO의 의료시설에서 처리하면 되지 않겠느냐는 것입니다. 그렇지 않습니까? 태아를 추출하기 위해 2개월 뒤에 또 납치하는 일이 얼마나 번거롭습니까? 외계인들의 기술이 그렇게 앞서 있다면 그냥 처음부터 다 그들 마음대로 하는 게 더 편하지 않겠습니까?

지영해 글쎄요. 인간의 자궁은 오랜 기간을 두고 진화되어온 것이라서 엄청나게 발달된 기관이고, 따라서 수정란 단계에서 초기 태아의 수준까지 성장하는 데 외계인이라 하더라도 이런 기관을 인공적으로 만들어내기가 쉽지는 않을 거라고 생각합니다. 일단 태아의 기초 형태가 잡히면 그다음부터는 그들의 기술로 인큐베이터 같은 곳으로 옮겨 계속 성장시킬 수 있는 것 아닐까요?

그리고 창백한 혼혈종 얘기인데요. 피랍자들이 묘사한 혼혈종 그림을 보면 원래 머리카락이 인간만큼 수북하지 않고, 모양새도 외계인의 창백함과 마른 체질을 닮아 전반적으로 허약해 보입니다. 그러나 그중에서도 특별히 생명력이 약하고 피폐해 보이는 아이들이 있다고 합니다. 이들에 대해서 대부분의 여성 피랍자들이 본능적으로 오래 살기 힘들겠다고 느끼는 것이겠죠. 혼혈종 생산 초기에 벌어질 수 있는 기술적 한계의 결과가 아닌가 생각됩니다.

최준식 이 정도 되면 믿을 수 있을지 따지는 단계를 훌쩍 넘어서 버린 것 같습니다. 그냥 내부자의 입장에서 지 교수님이 말씀하시는 것을 잠정적으로 받아들이고, 그 가운데 의문이 드는 것을 묻도록 하겠습니다. 혼혈종과 관련해서 가장 먼저 드는 의문은, 어떻게 다른 종일 터인 외계인과 지구인이 혼합되어 새로운 종이 나올 수 있느냐는 것입니다. 이 세상에서 인간이 다른 동물과 성적 교섭을 해 새로운 종이 나왔다는 이야기는 들은 적이 없는데, 느닷없이 외계인과의 혼혈이 나온다니 머리가 너무 복잡해집니다.

이것은 외계인을 영적 존재로 보는 제 가설과도 맞지 않습니다. 영적 존재가 어떻게 육적 존재인 인간과 성적 교섭을 맺을 수 있습니까? 인간이 귀신과 통해 자식을 낳는다는 얘기는 옛날이야기에나 나오는 것 아닌가요? 예를 들어 《삼국유사》를 보면, 신라의 진지왕이 죽은 후 귀신이 되어 인간 여자인 도화랑을 임신시켰다는 이야기가 나옵니다. 그 결과 '비형랑'이라는 반인반귀半人半鬼의 존재가 태어나지요. 이런 얘기는 이렇게 옛날이야기로나 전해오는 것인데, 오늘날 같은 대명천지에 나오니 여간 이상하지 않습니다. 이 이야기는 어쨌든 제가 가정한 것처럼 만일 외계인이 영적 존재라면 인간을 통해 자식을 낳는 일은 불가능해집니다. 지 교수님이 외계인을 육적 존재로 보는 것은 아마 이 피랍 시 일어나는 일 때문인 것으로 보이는군요.

지영해 저는 영과 육을 이분화하기보다는 하나의 연속체continuum로 보고 싶습니다. 육은 영의 바깥 끝이고, 영은 육의 가장 깊은 속이겠지요. 그래서 더 높은 영적 존재도 낮은 영적 존재와 육체적·영적 자식을 만들어낼 수 있다고 봅니다. 현재 우리 과학자들은 토마토 나무에서 동물성 단백질을 얻는 연구를 진행하고 있습니다. 동물의 몸에 인간의 장기를 증식시키는 것도 연구하고 있지요. 인간의 과학이 이 정도 수준을 시도하고 있다면, 남자와 여자 사이의 생식 과정에 외계인들이 자기들의 유전자를 집어넣어 혼혈종을 만드는 것은 그들의 발달된 과학기술 수준에서는 그리 어려운 일이 아닐 거라는 생각이 듭니다.

최준식 교수님은 또 그 혼혈종 가운데 한참 떨어지는 아이가 있고 피랍자들이 곧 그것을 알아차렸다고 하셨습니다. 그것은 유전자 조작이 실패한 결과 아니겠느냐고 조심스러운 가정을 했는데, 이 정도까지 오면 이 이야기가 틀렸다 맞다 하는 것이 무색해지는 것 같습니다. 워낙 현실과 동떨어진 이야기를 하니까 의견을 표명하는 것 자체가 힘들어지네요. 이런 생각은 UFO 피랍 체험의 권위자인 제이컵스 교수도 동의하나요? 여기에 이르면 UFO를 종교로 신봉하는 사람들의 모습까지 보입니다. 흔히 하는 말로 '컬트'라는 것이지요. 교수님도 알 겁니다. 루스 몽고메리Ruth Montgomery가 자신의 저서《우리 속의 외계인들*Aliens Among Us*》등에서 주장하길, 지금 지구에는 많은 외계인이 인간의 모습을 한 채 살고 있다고 하지 않습니까? 루스 몽고메리는 그들을 '워크인

walk-in'이라고 부르지요. 그런데 그와 비슷한 주장을 하는 사람이 꽤 많고, 그 가운데 종교까지 만드는 사람도 있습니다. 그래서 이 혼혈종의 문제는 심사숙고해야 할 것 같습니다. 그냥 사실로 받아들이기에는 무리스러운 면이 있습니다.

지영해 저와 많은 점에서 의견을 같이하고 있는 데이비드 제이컵스는 자신보다 한 걸음 더 나아간 연구자 몽고메리처럼 혼혈종들이 인간 사회에 잠입하고 있다고 주장하죠. 하지만 저는 앞에서 말씀드린 것처럼, 그에 대해서는 판단을 유보하고 있습니다. UFO 컬트의 경우 무조건 외계로부터 온 존재들을 신처럼 떠받들고, 영적 · 육체적 구원을 이들에게 맡기는 태도를 보이는데, 저는 외계인들을 신적인 존재라든가 인간을 구원하기 위해 오는 존재로 보지는 않습니다. 제가 관심을 갖고 있는 것은 증거의 수집과 관찰, 그리고 그로부터 함의를 도출하는 것입니다. 어떤 신앙에 가까운 믿음 체계를 만들거나 그것을 정당화하는 데는 전혀 관심이 없습니다.

최준식 그런데 제가 이 혼혈종 산출 이야기에 대해 진짜로 의구심을 갖는 점은 다른 데 있습니다. 혼혈종 산출을 사실로 받아들인다 해도 문제가 되는 점이 발견되기 때문이지요. 어쨌든 이 혼혈종 문제는 심대한 것이라 다음 장에서 또 다룰 테니 그때 더 심도 있게 다뤄보면 좋겠습니다.

최준식
×
지영해
×
×
×
×
×
×
×
×
×
×
×

take. 2

그들은 누구인가?

QUESTION 자, 이제 우리는 가장 직접적인 주제에 도달했습니다. 외계인들이 존재한다면 도대체 '이들은 누구일까'에 관한 문제입니다. 여기에는 또한 '이들은 어디서 오는가'라는 질문도 포함되기 때문에, 이 주제야말로 가장 기본적이고 중요한 것이라 할 수 있습니다. 지금부터는 외계인이 실제로 존재한다고 가정하고 논의를 이끌어나갈까 합니다. 이 존재의 기원에 대해 어떻게 생각하십니까?

최준식 제 견해를 밝히기 전에 먼저 제가 동의하지 않는 견해에 대해 설명하는 게 도움이 될 것 같습니다. 제가 동의하지 않는 견해는 바로 항간에서 일반적으로 믿어지는 설입니다. UFO에 관심 있는 사람들은 대부분 이 외계 존재는 다른 별에서 왔으며 우리보다 과학이 엄청나게 발전된 문명을 갖고 있다고 믿고 있습니다. 저는 이 발상이 아주 순진하다고 생각합니다. 이런 생각을 가지고는 설명이 안 되는 부분이 너무도 많기 때문입니다. 누누이 이야기한 대로, 이 외계 비행체의 비행 유형을 보면 물질로 된 비행체의 움직임이라고 볼 수 없습니다. 그리고 자유자재로 출몰하고, 벽을 뚫고 다니며, 사람들의 의식세계를 마음대로 조종manipulate하는 외계인의 행태도, 만일 그들이 물질의 몸을 갖고 있다면 설명할 수 없는 것들입니다. 대부분의 사람들은 외계인의 세계를 우리 인간이 살고 있는 물질세계의 연장으로 보고 있는데, 저는 그 견해에는 반대합니다.

앞으로의 논의를 쉽게 풀기 위해 결론부터 이야기하지요. 단도직입적으로 말해, 저는 이 외계 존재들을 물질계와 정신계(에너지)를 마음대로 왔다갔다 할 수 있는 영적인 존재로 봅니다. 그리고 같은 맥락에서, 그들이 타고 와 지구에서 출몰하고 있는 우주선도 물질로 만들어진 것이 아니라 이 외계 존재들의 강한 사념이 만들어낸 에너지체라고 생각합니다. UFO 비행체는 우리 인간의 우주선처럼 물질로 만들어진 것이 아니라는 이야기입니다. 그러나 그렇다고 해서 물질성이 전혀 없는 것은 또한 아니라고 생각합니다. 무슨 소리인가 하면, 이 우주선은 일종의 에너지체인데, 그 점성이 그냥 에너지보다는 많이 강해 반半물질 정도의 점성이나 밀도를 가지고 나타나는 것이 아닌가 하는 것입니다. 제 생각에는 이렇게 설명을 해야 그들의 신출귀몰한 출몰을 어느 정도 설명할 수 있다고 봅니다.

물론 반론도 있을 수 있습니다. 그 하나의 예로, 외계 우주선이 만일 에너지체로만 되어 있다면 순간이동도 가능할 텐데 굳이 그렇게 빠른 속도로 날아다닐 필요가 있겠느냐고 반문할 수도 있습니다. 그러니까 에너지체는 공간과 시간의 제약을 훨씬 덜 받으니 순간적으로 이동하지 왜 물질처럼 날아다니느냐는 것이지요. 글쎄요, 그에 대한 답은 또 추정할 수밖에 없는데, 이 우주선은 순수한 에너지로만 만들어진 것은 아니라는 것이지요. 그보다는 에너지의 응집성이 아주 강한 반물질화된 에너지체라서 움직이는 데 시간과 속도가 어느 정도는 필요한 것이라는 생각이 듭니다.

또 이 외계인들은 우리처럼 물질계에 속한 존재들이 아니라 우리보다 적어도 한 차원 높은 초trans물질계에 속하는 존재인 것 같습니다. 그래서 우리의 눈에는 잘 보이지 않는 것이지요. 이 차원이라는 것이 그렇지 않습니까. 자신이 속한 차원보다 낮은 차원은 다 관찰이 되지만 높은 차원은 볼 수 없습니다. 우리가 살고 있는 물질계와 영계의 관계를 가지고 설명할 수 있겠군요. 이 물질계에서는 영계가 전혀 보이지 않습니다만 영계에서는 물질계를 다 볼 수 있습니다. 영계가 물질계보다 한 차원 높기 때문이지요.

그런데 한 차원 높은 세계에 있는 존재가 한 차원 낮은 세계에 출현하면 갑자기 나타나는 것처럼 보입니다. 그러다가 다시 한 차원 높은 곳으로 가면 갑자기 사라지는 것처럼 보이지요. 좋은 예가 될는지 모르겠지만, 예수님의 부활도 이런 식으로 설명할 수 있습니다. 저는 예수님이 죽임을 당한 후 나타난 몸은 영체라고 보고 있습니다. 그래서 엠마오라는 마을로 가는 두 제자에게 갑자기 나타났다가 나중에 갑자기 사라지는 일이 가능했던 것입니다.

조금 다른 비유로 볼까요. 여기 2차원에 사는 개미가 있다고 하지요. 2차원은 면만 있는 세계입니다. 부피가 없지요. 그런데 그 개미에게 3차원에 사는 우리가 다른 개미 한 마리를 가져다놓았다고 합시다. 그러면 원래 개미에게는 우리가 갖다놓은 개미가 갑자기 나타난 것처럼 보일 겁니다. 그 개미가 한 차원 높은 세계에서 왔기 때문이지요. 얼마 후 우리가 다시 그 개미를 들어올리면 원래 개미에게는 그 개미가 갑자기 사라진 것처럼 보일 겁니다. 그 개미가 한 차원 높은 세계로 갔기 때문이지요.

이런 맥락에서, 외계인들은 우리보다 높은 차원에서 온 것이라고 볼 수밖에 없지 않을까요. 이들을 단순히 우리보다 물질적인 과학이 뛰어난 존재로 보기보다는 영적으로 완전히 한 단계 넘어간 존재로 보자는 것입니다. 이들은 물질을 정복한 것은 물론이고 정신까지 정복해 자신들의 정신을 가지고 무엇이든 할 수 있는 초인적인 존재가 된 것 같습니다. 제 추측으로는, 이들도 이전에는 인간과 같은 단계에 있었을 것입니다. 그러나 그들은 과학을 최고도로 발전시킨 것은 물론이고 엄청난 영적 수행을 통해 자신들의 차원을 한 단계 높이는 데 성공해 이 문제 많은 물질계를 졸업하고 영적인 존재가 되었을 것으로 생각됩니다.

그런데 이런 진화 과정은 우리에게 낯선 것이 아닙니다. 이에 대해서는 벌써 많은 종교사상가들이 말해왔습니다. 그 가운데 한두 사람만 예로 들어볼까요. 근세 인도의 저명한 요기이자 사상가인 스리 오로빈도Sri Aurobindo*와 현대 미국의 트랜스퍼스

널심리학계의 거성인 켄 윌버Ken Wilber★의 이론을 가지고 설명해 볼까 합니다. 이 두 사람은 시대와 국적은 다르지만 주장하는 바의 큰 줄기는 거의 같습니다. 그들은 이 우주의 모든 것이 다음과 같은 진화 과정을 겪는다고 말합니다. 물질에서 시작해 여기에서 생명이 나오고 다시 여기에서 정신이 나오고, 이 정신을 넘어서는 초월적인 정신세계에까지 도달하는 것. 이것이 그들이 말하는 진화 과정입니다. 그들의 용어로 보면 오로빈도는 물질matter→생life→의식mind→초의식supermind이라고 하고, 윌버는 물질matter→신체body→마음mind→혼soul 혹은 consciousness→영spirit 혹은 trans-consciousness이라고 합니다. 'mind' 같은 용어가 겹치면서 조금 혼동됩니다만, 두 사람이 말하고자 하는 것은 같습니다. 우리 인간은 현재 세 번째(윌버의 도식에서는 네 번째) 단계에 머물러 있습니다. 자아의식을 갖고 있는 것이지요. 그러나 진화의 정점은 네 번째 단계입니다. 여기까지 온 사람을 오로빈도는 '초인

● 인도의 위대한 영적 지도자. '인류의 영원한 진리로의 진화'라는, 진화사상에 기초한 통합사상을 창시했다. 오로빈도가 주장하는 신성한 삶은 곧 마음의 완성을 지향하는 것인데, 마지막 목표는 초의식(혹은 초월식)에 도달하는 것이다. 이 초의식은 진리의식이자 본래적 지식으로서 궁극적인 영적 실재를 향해 인간을 상승시키는 힘이다.

★ 트랜스퍼스널심리학(transpersonal psychology) 분야의 패러다임 전환을 불러온 미국의 작가이자 사상가. 의식 연구 분야의 데카르트 또는 프로이트나 아인슈타인에 비유된다. 동서고금의 거의 모든 학문 분야를 종횡무진으로 넘나들면서 동서양 인간 의식의 역동적인 성장 및 진화에 관한 통합적 진리관을 제시했다. 뿐만 아니라 초월적 의식세계, 궁극의 실재계, 심오한 정신세계에 대해서도 통찰력을 보여주었다.

superman'이라 하고 윌버는 '초월적 자아(의 소유자)'라고 부릅니다.

제가 보기에 외계인들은 어떤 형태로든 이 네 번째 단계에 들어간 것 같습니다. 아마 이 단계에도 많은 작은 단계가 있을 텐데, 외계인들이 그 가운데 어디에 속해 있는지는 몰라도 네 번째 단계에는 확실히 진입한 것으로 보입니다. 이처럼 그들은 세 번째 단계에 있는 우리보다 한 차원 높은 곳에 있기 때문에, 우리는 당최 자유자재로 출몰하는 그들의 행태를 따라가지 못하는 것입니다. 느닷없이 나타났다 갑자기 사라지고, 또 쏜살같이 무지막지한 속도로 치닫는가 하면, 아무 힘도 들이지 않고 허공에 그냥 가만히 오랫동안 떠 있기도 하는 등 인간계에서는 결코 볼 수 없는 기이한 행태를 보일 수 있는 것은 그들이 우리보다 높은 차원에 속한 존재이기 때문에 가능한 것으로 생각됩니다. 이렇게 생각하지 않으면 그들의 행동거지를 이해할 수 없습니다. 물론 외계인들이 오로빈도가 말하는 '초인'인지 아닌지는 잘 모르겠습니다. 그러나 그들이 인간을 초월한 존재라는 점은 분명하다는 것이지요.

글쎄요, 다른 사람은 어떻게 생각하는지 몰라도 저는 우리 인류가 현재 상당히 저급한 진화 단계에 있다고 생각합니다. 물론 구석기시대부터 생각하면 지금의 과학 발전이 대단하다고 할 수 있을지 모르지만, 인간 진화의 종착점이라 할 수 있는 초월적인 단계에서 보면 지금 인류가 이룬 진화는 아직 갈 길이 멀고 문제가 많지 않은가 생각합니다. 인간이 더 진보하는 데에 제일 문제가 되는 것은, 이기심이 가득하고 온갖 욕망의 충족과 권력의 확장밖에 모르는 인간의 마음입니다. 우리 인간은 이것을 극복해야 4차원으로 갈 수 있습니다. 이 점에 대해서는 나중에 다시 살펴보겠습니다.

그냥 여담입니다만, 이런 정신적인 것은 차치하고 물질적인 것만 보아도 우리 인간의 발달 정도가 한참 떨어져 있다는 생각을 하게 됩니다. 예를 들어, 우리가 가장 애호하는 운송수단인 자동차를 보십시오. 몇 사람 태우고 가는 데 얼마나 많은 원시적인 기계가 필요합니까? 자동차가 겉으로는 깨끗하게 보일지 몰라도 내부는 기름과 먼지 등으로 더럽기 짝이 없습니다. 비행기도 마찬가지지요. 꽤 크다면 크다고 할 수 있는 이 비행체를 공중에 끌어올리기 위해 얼마나 많은 무리를 합니까? 쇠로 만든 수많은 기계가 필요할 뿐만 아니라 엔진을 돌리기 위해 다량의 액체 연료가 들어가고 엔진이 돌아가며 내는 소음, 그때 나오는 엄청난 공해가스 등 너무도 많이 무리를 해서 만든 기계라는 인상을 지울 수가 없습니다. 제 어쭙잖은 생각에, 외계인의 입장에서 보면 지구인들이 타고 다니는 자동차나 비행기는 아주 미련한 운송수단임에 틀림없을 것입니다. 그들은 아무 흔적 없이 자신이 생각하는 대로 시간과 공간에 제약받지 않고 자유자재로 출몰하는데, 시공에 꽉 갇혀 있는 지구인들을 보면 얼마나 답답할까요. (웃음)

지영해 최 교수님과의 대화는 정말 흥미진진하군요. 이들은 누구인가, 그리고 어디서 오는가에 관한 문제는, 이들은 왜 우리를 방문하는가 하는 문제와 더불어 UFO와 외계인에 관한 가장 중요한 질문입니다. 그 답에 따라 우리가 사는 세계와 그것을 이해시키고 설명하는 과학적 패러다임을 송두리째 뒤엎을 수 있기 때문이죠. 문제는 이 질문에 대해 속 시원하게 결론을 내줄 결정적 증거가 거의 없다는 것입니다. 오직 퍼즐 맞추기처럼 이리저리 끼워맞춰가면서 큰 그림을 그리려고 노력할 따름이죠.

이 문제에 대해서는 크게 세 가지 가설을 내놓을 수 있습니다. 가장 평범한 가설로, 이들은 우리 은하계의 다른 별이나 다른 은하계에서 오고 있다. 둘째, 이들은 우리와 같이 지구에 살고 있다. 즉, 지구 안이나 바닷속에 있는 자기들의 세계로부터 오고 있다는 얘기입니다. 셋째, 이들은 우리 우주와는 다른 평행우주나 다른 차원에서 오고 있다. 최 교수님은 세 번째 견해를 따르고 있는데, 저는 교수님과 많은 것을 공유하면서도 내용적으로는 다른 네 번째 가설을 제시하고자 합니다. 저는 우리가 사는 지구를 지금부터 지구생명공간 혹은 지구생명권이라고 부르겠습니다. 바로 이 지구생명권 옆에 있는 인접생명권the neighboring bio-sphere에서 외계인이 오고 있다고 저는 생각합니다. 그 의미는 조금 있다 자세히 말씀드리겠습니다.

우선 그들이 다른 별이나 은하계에서 온다는 가설은 한 가지 문제점이 있습니다. 많은 사람들이 외계인의 존재를 믿지 않는 이유는, 현재 항성 간 혹은 은하계 간 거리를 생각할 때, 빛의 속도보다 훨씬 더 빠른 여행 방법이 없으면 올 수 없는데, 현재의 이들은 누구인가, 그리고 어디서 오는가?

다른 별이나 은하에서 오는 것은 불가능하다.

그렇다면 우리 우주와는 다른 평행우주나 다른 차원에서 오는 것이 아닐까?

아니면 지구와 연결되어 있는 광역생명진화권을 생각해볼 수 있을까?

우리 과학지식으로는 빛보다 더 빨리는 여행할 수 없기 때문입니다.• 하지만 사실 이것은 문제가 되지 않습니다. 빛보다 빨리 움직일 수 없다는 것은 현재 인간의 문명 수준에서 발견한 물리 법칙이지, 월등히 진보된 물리학에서는 광속보다 빠른 속도의 여행이 가능할 수도 있기 때문입니다. 오히려 외계인들의 기원을 이야기할 때, 이 가설이 갖는 문제는 보통 관찰되는 외계인의 몸 구조가 인간이나 다른 고등 포유동물과 거의 같다는 점을 설명하기 힘들다는 것입니다. 손, 발, 다리, 머리가 다 같은 곳에 달려 있고, 일부 퇴화 혹은 변형되었지만 눈, 코, 귀, 입의 위치도 같습니다. 심지어 손가락도 세 개나 네 개로, 그 위치도 똑같이 손끝에 달려 있습니다.

최준식 잠시만요. 지금 교수님은 외계인의 감각기관이 퇴화됐다고 말씀했죠? 그럼 인간의 감각기관이 더 진화됐다고 보시는 건가요? 제 추정으로는, 외계인들의 감각기관이 더 진화된 것 같습니다. 이것은 매우 주관적인 생각이라 조심스러운데요, 제가 보기에 코나 눈 같은 인간의 감각기관은 낭비가 심하고 아직 진화가 상당히 덜 된 채로 남아 있는 것 같습니다. 이 기관들이 나름

• 최근 화제가 된 SF영화 〈인터스텔라*Interstella*〉에서 웜홀(worm hole)을 이용해 이처럼 시간이 걸리지 않는 순간적 공간이동이 가능하다고 제시하고 있다. 이 영화에서는 고도로 발달한 문명의 외계인이 인류를 위해 웜홀을 만들어준 것으로 되어 있다. 현재 인류의 과학 수준으로는 우주선이 통과할 정도로 큰 웜홀을 만드는 것은 불가능하다. Marcus Woo, Will We Ever… Travel in Wormholes?, BBC(2014. 3. 26).

대로는 정교하지만 상당히 거추장스럽다는 느낌을 받습니다. 가령 코를 보십시오. 들어오는 공기를 순식간에 데우기 위해 돌출되어 있어야 하고, 코 안에는 이물질을 거를 수 있는 털이 있습니다. 그런가 하면, 물이 나오는데 이것이 굳으면 그다지 깨끗하지 못한 물질이 형성됩니다. 그런데 제일 흔하게 나타나는 외계인들의 모습을 보십시오. 코가 얼마나 단출합니까? 그저 구멍이 두 개 뚫려 있을 뿐입니다. 저는 이게 더 진화된 모습이 아닌가 하는 가정을 해봅니다. 필요 없는 것들은 다 사라진 것이죠. 그에 비해 눈은 좀 다른 것 같습니다. 더 진화할수록 시각이 극도로 발달할 것이라는 가정을 해보면, 외계인의 눈처럼 커다란 눈이 현생 인류의 작은 눈보다 훨씬 더 진화한 것 아닌가 싶습니다. 글쎄요, 이것을 교수님 의견처럼 퇴화됐다고 봐도 틀린 얘기는 아닐 것 같군요. 필요 없는 것들이 퇴화됐다고 보면 말이지요. 의문이 생겨 중간에 잠깐 끼어들었습니다. 교수님의 설명이 참 흥미진진합니다. 계속해주시지요.

지영해 예, 제가 말씀드린 퇴화란 바로 그런 뜻이었습니다. 오감을 받아들이는 다른 능력이 극도로 진화해 기존 기관들의 필요성이 없어지면서 사라졌다는 얘기지요. 예를 들어, 그렇게 수많은 피랍자 가운데 외계인들이 무언가 먹는 모습을 본 사람이 한 명도 없습니다. 그럼에도 불구하고 입처럼 보이는 아주 조그만 틈새가 인간의 입 위치에 있습니다. 이것은 퇴화되어 흔적만 남은 것이라고 볼 수 있겠지요. 구강 기능이 퇴화하고 대신 피부 등을 통해 에너지를 섭취한다는 등의 다양한 이론이 제시되었으나, 어쨌든 진화의 개념이 적용될 수 있다면 외계인들은 인간에 비해 월등히 앞으로 진화된 존재라고 할 수 있겠지요.

그뿐만 아니라 그들은, 비행기 조종사나 항공 관제사들의 보고서에서 볼 수 있듯이, 인간이 보유하고 있는 각종 항공기술 수준을 아주 잘 알고 있고, 마치 자기 집 드나들 듯이 너무나 자주 지구의 상공을 드나들고 있습니다.

모양새나 행동에 있어서 외계인은 다른 별이나 은하계에서 오고 있다고 말하기에는 너무 지구의 삶과 근접해 있습니다. 마치 오랫동안 인간의 이웃으로서 인간과 동거해온 듯한 인상을 받습니다. 물론 영국의 생물학자 사이먼 모리스Simon Conway Morris 같은 사람은 지구상의 생물체들이 고등 생물로 진화하는 데 생물학적 접근 현상biological convergence이 발견되는 것으로부터 유추해, 우주의 어디에서건 생물이 고등 단계로 진화하면 인간과 비슷한 모습을 할 수밖에 없을 것이라고 얘기합니다. 하지만 이것은 아직 소수 의견이고, 이 넓은 우주에서 생명체가 고등 문명의 단계로 진화할 수 있는 조건은 너무나 다양해서 반드시 인간의 모습을 해야만 고등 문명으로 진화할 수 있다는 이야기는 가능성이 매우 낮습니다. 하지만 우리가 직면하는 곤충형 외계인, 파충류형 외계인, 회색 외계인, 인간형 외계인 모두가 지구에서 흔한 고등 생물체, 특히 인간의 몸 구조를 갖고 있다는 점에 주목해야 합니다. 이것은 외계인들이 생물학적으로 인간과 같은 환경과 진화 체제에 그 뿌리를 두고 있다는 뜻입니다. 좀 더 정확하게 말하자면, 우리가 진화되어 살고 있는 공간과 그들이 살고 있는 공간이 거대한 하나의 진화권 속에 있다는 것이지요.

최준식 글쎄요, 지금 저는 교수님이 내린 가정에 약간의 의문이 생깁니다. 우선 우리에게 나타난 외계인들의 모습이 그들의 참모습인지에 대한 것입니다. 외계인들은 그런 모습 말고도 수없이 다양한 모습으로 나타나는데, 이것부터가 설명하기 힘든 부분입니다. 지구에는 서너 인종밖에 없는데, 외계인들은 어떻게 해서 저렇게 다양하냐는 것이지요. 여기에는 몇 가지 설명이 가능하겠습니다. 첫 번째 가설은, 외계인은 실제로 그렇게 다양하다는 것입니다. 그런데 이 가정은 그다지 타당성이 없다고 생각합니다. 좀 전에 말씀한 것처럼, 외계인들의 모습이 너무 다양하기 때문이죠. 어떻게 곤충의 모습으로도 나타나고 인간의 모습으로도 나타날 수 있습니까? 두 번째 가설은, 외계인들은 자신의 모습을 마음대로 바꿀 수 있는 능력을 갖고 있다는 것입니다. 저는 개인적으로 이 가설을 지지합니다. 이 설을 지지하는 근거가 될는지 모르겠지만, 외계인들은 자신들의 우주선도 엄청 다양하게 변화시킬 뿐만 아니라 분리 · 합체도 마음대로 하지 않습니까? 그러니 외모도 자기들 마음대로 바꿀 수 있지 않겠나 생각해보는 것입니다. 그 큰 우주선도 변형시키는데, 그 작은 외모 하나쯤 바꾸지 못할까요? 세 번째 가설은, 지구인들이 환상을 보았거나 스스로 조작한 이미지라는 것입니다. 인간들이 스스로 무의식적으로 기괴한 이미지들을 만들어낸다는 것이지요. 저는 이 가설도 타당하다고 봅니다. 그런데 그 빈도로 볼 때 두 번째 경우가 더 많을 것 같습니다.

그다음 두 번째 의문은요, 첫 번째 의문과 연결되어 있는데, 외계인들이 인간의 몸 구조를 갖고 있다고 해서 그들이 지구의 진화 체제에서 발달했다고 보시는 데 대한 것입니다. 이 두 문장은 논리적으로 직결되지는 않는다는 것이 제 생각입니다. 인간의 몸 구조와 지구 계통 진화는 인과관계가 아니라는 것이지요. 논리적으로는 지구가 아닌 곳에서 진화하더라도 인간의 몸과 같은 구조를 가질 수 있고, 지구에서 진화했더라도 인간과 다른 몸 구조를 가질 수 있다는 것이지요. 글쎄요, 이건 논리적으로 그렇다는 것이고, 실제로 현장에서 어떻게 나타날 것인가는 저도 잘 모르겠습니다.

이렇게 그들이 온 곳을 잘 모른다고 해서 땅속이나 바다에서 왔다고 주장하는 사람들의 생각에도 무리가 많습니다.

지영해 저도 이들이 지구의 땅속이나 바닷속에 있는 자신들의 세계에서 온다고 하기에는 비상식적인 면이 너무 많다고 생각합니다. 단단한 지구의 땅속에서 이런 고등 문명이 진화될 수 있다는 것은 받아들이기 어렵습니다. 만일 그들이 바닷속에 방대한 세계를 구축하고 있다면, 지난 수천 년간 인간이 바다를 이용하면서 좀 더 자주 그들이 바다에서 나오고 들어가는 모습을 목격했어야만 합니다. 물론 물속에서 나오고 들어가는 UFO를 본 사람이 없는 것은 아닙니다만, 이 가설이 암시하는 횟수에는 턱도 없이 부족합니다. 이들이 땅속이나 바닷속에 거주한다고 생각하기에는 논리와 증거 양쪽 모두 제대로 받쳐주질 못합니다.

최준식 그렇다면 그들은 세 번째 가설대로 다른 차원에서 오고 있다는 말씀인데요.

지영해 결국 그렇습니다만, 최 교수님의 생각과는 조금 다른 차원 혹은 세계입니다. 모든 증거를 보았을 때, 현재 인간이 거주하고 있는 생명공간과 바로 맞닿은 다른 생명공간이 있고, 이들은 거기서 온다고 가정해야 합니다. 이 인접생명권은 최 교수님이 말씀한 어떤 높은 차원의 영적 공간이 아닌, 우리 공간과 물질적으로 연결된, 하지만 우리가 전혀 알 수 없는 다른 종류의 물질적 공간이라고 보아야 합니다. 그리고 외계인들도 우리와 같이 물질적인 몸을 갖고 이 공간에 거주하고 있다고 보아야 합니다. 그렇게 많은 신뢰할 만한 피랍자들의 증언 가운데, 외계인이 영체나 빛으로 된 몸을 갖고 피랍자들에게 말을 했다거나 생체실험을 했다거나 하는 보고는 상당히 드물기 때문입니다. 이들 문명은 우리가 살고 있는 공간과는 다른 물질로 형성돼 있는, 지구의 옆 혹은 상위에 있는 공간에서 진화되었다고 볼 수 있습니다. 그리고 이들이 거주하는 생명공간은 우리의 생명공간과 더불어 하나의 커다란 광역생명진화권에 속해 있다고 봐야 합니다.

최준식 광역생명진화권 개념은 대단히 흥미롭군요. 저는 한 번도 생각하지 못한 아주 기발한 생각입니다. 충분히 있을 수 있는 가정이라고 생각합니다. 그런데 이 공간이 물질적 공간이라면 여전히 문제가 남습니다. 외계인들이 나타나는 행태로 보면 물질로는 도저히 설명할 수 없는 부분이 너무 많기 때문입니다. 이 점은 앞에서 많이 이야기했습니다. 그런데 교수님은 이 공간의 물질은 지구의 그것과는 다른 물질이라고 하셨는데, 어떻게 다른지 구체적으로 알고 싶군요. 저는 그 다른 물질이라는 것이 에너지체 아닌가 하는 추정을 해봅니다. 그러니까 우리가 감각으로 느낄 수 있는 어떤 실체는 있는데 그것이 지상의 물질은 아니라는 얘기지요.

지상의 물질은 응고되어 있어 한 공간을 지속적으로 점유하고 있습니다. 이 물질을 옮기려면 반드시 시간이 걸립니다. 이것은 이 물질들이 시공연속체time-space continuum 안에 있다는 것을 뜻합니다. 반면 외계인이 속해 있는 공간은 시공초월 공간이라고 말하고 싶습니다. 그곳은 물질은 아니지만 반 정도는 물질화될 수 있는 에너지가 있습니다. '반 정도'라고 한 것은, 이 공간에서는 어떤 것이 지구상의 물질처럼 딱딱한 고체로는 변할 수 없지만 반 정도는 응고될 수 있기 때문입니다. 제가 이렇게 말할 수 있는 데는 나름대로 근거가 있습니다.

저는 그 적나라한 예를 예수가 부활해 다시 지상에 나타난 장면에서 발견했습니다. 예수의 몸은 육체가 아니라 영체였습니다. 그렇게 추정할 수 있는 근거는, 그가 갑자기 나타났다 또 갑자기 사라졌기 때문입니다. 육체라면 그렇게 할 수 없지요. 그런데 그렇게 영체로 움직이면서도 같이 밥을 먹는 등 육체를 가진 다른 제자들과 똑같이 행동했습니다. 영체 상태인데 어떻게 밥을 먹고 소화를 시키는지, 그 자세한 상황은 잘 모르겠습니다. 그러나 분명 그는 육체를 가진 제자들과 소통하는 데 전혀 문제가 없었습니다.

그런데 이런 예가 다른 곳에서도 적지 않게 발견됩니다. 현대 인도의 요기 가운데 유명한 요가난다Yogananda의 전기를 보면, 그의 스승이 영체로 부활해 그를 방문한 기록이 나옵니다. 그뿐만이 아닙니다. 제가 번역한 퀴블러 로스Elizabeth Kubler-Ross● 박사의 책《사후생On Life After Death》에도 그의 환자 가운데 죽은 사람이 영체가 되어 그를 방문한 생생한 간증이 나옵니다. 로스 박사는 그 환자(의 영체)와 대화도 하고 그 몸을 만져보기도 합니다. 저는 이런 일이 실제로 가능하니 외계인들도 이런 식으로 나타나는 것 아닌가 하는 생각을 해보는 것입니다.

제 이야기는 그렇고…… 그보다 교수님이 이야기하신 인접생명권이나 광역생명진화권이라는 개념은 무척이나 흥미롭습니다. 교수님의 독창적인 견해인가요, 아니면 이미 다른 연구자가 주장한 것인가요? 그런데 이 개념이 아직은 선명하게 이해되지

● 엘리자베스 퀴블러 로스는 스위스 출신의 미국 정신과 의사로, 죽음학 분야의 개척자로 평가받는다. 이 분야의 대표 저서로 1969년에 저술한 《죽음과 죽는 것에 관하여*On Death and Dying*》가 있다. 1970년대 말부터 유체이탈 현상이나 근사 체험, 영매술, 심령주의에 관심을 갖고 본격적으로 연구를 시작했으며, 영혼과 접촉하려는 다양한 시도를 했다.

않습니다. 예를 들어서 좀 쉽게 설명해주셨으면 좋겠습니다.

지영해 인접생명권과 광역생명진화권 둘 다 제가 생각해낸 개념입니다. 외계인의 행태와 모습을 바탕으로 그들의 근원을 추정하다 보니 필연적으로 도달한 개념이지요. 인접생명권을 예를 들어 설명해보겠습니다.

물고기들은 자기들의 물속 세계가 이 세상에 있을 수 있는 전부라고 생각합니다. 자기들의 세계 외에는 볼 수도 없고, 또 지능적으로도 그 이상의 세계를 생각할 수 없습니다. 그러나 어부에게 잡혀서 물 위의 세계를 짧은 순간 보고 온 물고기가 있다고 가정해봅시다. 물속이 아니라서 정신을 못 차리고 있던 순간에도 그 물고기는 하늘에서 찬란하게 빛나는 태양을 보았을 것이고, 바다 위에 떠 있는 수많은 배들을 보았을 것이고, 멀리 산과 들, 구름, 하늘, 그리고 백사장 뒤의 집들과 해변에서 뛰어노는 인간들을 보았을 것입니다. 심지어 자기를 쳐다보는 어부의 커다란 얼굴도 보았겠지요. 하지만 물속으로 돌아온 물고기는 자기가 본 것을 의심하지 않을 수 없습니다. 이제까지 물속에서 경험한 것에는 자기가 물 밖에서 순간적으로 본 것들을 이해하는 데 참조할 만한 준거틀이 없기 때문입니다. 따라서 자기의 경험을 그저 한순간의 정신적 환상, 착란 정도로 취급하게 될 것입니다.

거꾸로 물고기들이 잠수복을 입거나 잠수정을 타고 물속으로 들어온 인간을 만났다고 가정합시다. 여기서도 마찬가지로 물고기들의 경험과 지식에는 이런 것들을 이해할 수 있는 준거틀이 없습니다. 한마디로 '이해할 수 없는 현상'을 한순간 직면한 것입니다. 그러나 인간들에게는 그저 물속에 들어갈 수 있는 기술이 있어서 잠수복을 입거나 잠수정을 탄 것뿐이지요. 잠시 들어갔다 다시 나온 것뿐입니다. 하지만 물고기들은 자신들이 본 것을 이해할 수 있는 지능이 없어요. 지능이 따르지 않으면, 감각기관으로 아무리 많은 새로운 현상을 보아도, 그것들은 의미 있는 현상이 되지 못합니다. 실체가 없는 환상일 뿐이지요. 다시 말해, 이 물고기들은 인간이 거주하는 하나의 인접생명권의 존재로 인해 야기되는 현상들은 경험했는데, 그것을 이론화해줄 수 있는 틀이 없기 때문에 물고기들에게는 인간과 인간 사회는 존재하지 않는 것이죠. 그만큼 무엇이 존재하는가에 대한 우리의 생각은 우리가 속한 생명권에 의해 철저히 지배되고 조건화되는 것입니다.

QUESTION **하지만 아무리 봐도 그런 세계가 우리 옆에 있을 것 같지 않은데요. 최 교수님이 말씀한 그런 세계는 진보된 반 영적 존재들의 세계라서 그 차원에서 물질을 떠나 존재한다는 것은 어느 정도 우리가 생각해오던 것이라 받아들일 수 있을 것 같습니다. 하지만 지 교수님은 지금 우리가 사는 세계의 연장체로서 그런 다른 세계가 인접해 있다는 말씀인데요, 여전히 쉽게 이해되지는 않습니다.**

최준식 저도 우리의 세계에 연이어서 그런 세계가 있다는 것이 잘 이해가 되지 않습니다. 저는 여전히 우리의 생활권과 외계인의 생활권이 인접해 있다고 생각하지 않습니다. 그 이유는, 외계인의 세계가 지구에 그렇게 붙어 있다면 지구상에서와 똑같은 물리법칙의 지배를 받아야 하기 때문입니다. 그런데 그들은 물리법칙은 가볍게 초월하고 우리 위에서 우리를 조롱하듯이 출몰을 거듭하고 있지 않습니까? (웃음)

지영해 우리의 영역이나 그들의 영역이나 광역생명진화권을 지배하는 물리법칙은 하나일 거라고 봅니다. 하지만 우리는 그 물리법칙이 우주를 포함하는 지구생명권의 특성과 조건에만 적용되는 모습을 보았으니, 그 물리법칙이 물리적 · 생물학적 특성과 조건이 다른 인접생명공간에 어떻게 적용되는지는 알 수 없겠지요. 즉, 우리는 물리법칙의 전체 모습을 아직 보지 못한다는 것이죠. 다시 물고기 세계의 예를 들어본다면, 우리는 지상과 물속 세계에 보편적으로 적용되는 물리법칙을 알고 있지만, 물고기들은 그 보편적인 물리법칙이 물속 세계에 적용되는 제한적인 예만 알고 있다는 이야기입니다. 외계인들은 그들의 영역에서 적용되고 발견된 물리법칙을 갖고 UFO를 만들어 비행하고, 그것을 사용해 우리의 생명권으로 들어옵니다. 그러니 우리 눈에는 물리법칙을 가볍게 초월하는 듯이 보이지만, 그들은 자신들이 발견한 넓은 물리법칙에 순응하며 움직이고 있는 것입니다.

사실 더 중요한 것은, 그런 인접생명공간이 우리에게는 보이지 않는데 도대체 어디에 있는 것이냐 하는 질문입니다. 우리가 그런 영역이 있을 수 있다는 사실을 쉽게 받아들일 수 없는 것은,

감각적 인식에 관한 한 인간은 다 알 수 있다, 다 볼 수 있다, 다 경험할 수 있다고 자만하기 때문입니다. 우리의 인지능력과 감각기관은 물속의 물고기나 땅속의 지렁이만큼이나 한계가 있을 수 있어요. 모든 동물이 지능과 감각능력에 심각한 한계가 있다면 인간도 100퍼센트 그런 한계 속에 살고 있다고 봐도 틀림이 없을 겁니다. DNA 구성을 봐도 인간이나 지렁이나 쥐나 새나 거기서 거깁니다. 인간만이 특별히 고개를 들어 장엄하게 존재하는 지구와 우주의 참모습을 보고 있다는 것은 환상 중의 환상입니다. 인간의 눈에만 모든 것이 확실하게 보이고, 모든 것이 투명하게 생각되는 것처럼 보이는 것뿐입니다. 인간이 인간이라는 '종적 한계 species limitation' 속에서 바라보는 것이기 때문에 인지적 한계성 그 자체가 보이지 않는 것이죠. 인간이 갖고 있는 인지적 확실성은 일종의 '존재적 동어반복existential tautology'입니다. 하지만 끊임없이 우리가 알 수 없는 UFO라는 현상과 외계인이라는 존재가 우리의 지능과 감각의 영역 안으로 튀어들어왔다가 나가지 않습니까? 이것은 우리의 인지능력이 잡을 수 없는 영역이 있고 그로부터 오는 존재들이 있다는 증거입니다.

우리와 인접한 또 다른 생명공간이 있다는 말은 실제 지구의 경계가 우리에게 알려진 것보다 훨씬 크다는 말입니다. 더 정확하게 말하면, 지구의 경계가 아니라 생명이 발생하고 진화하고 살아가는 생명진화권이 현재 우리가 알고 있는 지구의 경계에 한정되지 않고, 더 커다란 영역까지 넓게 퍼져 있다는 것이죠.

물론 인간에게는 이 생명공간이 지구라는 공간과 맞물려 형성되고 이해되어왔으니, 인간은 지구라는 공간적 실체를 떠나서는 생명 현상과 진화를 얘기할 수 없습니다. 모든 생명체는 자기가 거주하는 공간을 존재할 수 있는 모든 것이라고 보고 그 외에는 없다고 생각합니다. 따라서 쉽게 말씀드리면, 하나의 지구를 놓고 모두 다르게 본다는 뜻이죠. 물고기가 바다를 그들의 지구, 즉 살 수 있고 존재할 수 있는 공간의 모든 것이라고 생각하듯 인간도 지구와 우주를 살 수 있는 공간집합체의 모든 것이라고 생각합니다. 결국 종種의 수만큼 지구가 존재하는 것이죠.

하지만 이제부터 지구라는 개념보다는 생명공간이 더 중심적인 개념이 되어야 합니다. 우리가 알고 있는 지구는 다만 인간의 인지능력에만 할당된 생명공간일 뿐이지요. 생명공간의 범위는 각각의 종의 인지능력과 맞물려 존재한다고 볼 수 있습니다. 생명공간은 종의 인지능력과 맞물리면서 실체를 갖게 되며, 그 내용과 공간적 범위가 그 종의 인지능력이 소화할 수 있는 정도까지만 주관적으로 형성되지요. 하지만 진화는 이 모든 생명공간 전체에 걸쳐 체계적으로 일어나는 것이고, 따라서 인간에게 알려진 지구생명공간과 외계인들이 속해 있는 생명공간 모두 하나의 더 커다란 진화권에 속해 있을 것으로 봅니다. 외계인들의 생명공간까지 다 포함하는, 실제로 존재하는 생명진화권은 사실상 우리가 지구를 중심으로 생각하고 있는 공간보다 훨씬 더 클 것이기 때문에 제가 '광역'이라는 수식어를 붙여서 광역생명진화권이라고 부른 것입니다.

QUESTION **그렇다면 지 교수님의 견해도 최 교수님과 비슷한 것 아닌가요?**

지영해 물론 비슷한 점도 있지만, 저는 외계인의 물질적이며 생물학적인 측면을 좀 더 강조하고 싶습니다. 이게 바로 제가 '진화'라는 단어를 계속 사용하고 있는 이유지요. 앞서 말씀드렸듯이, 이제까지 관찰된 외계인의 모양새와 행태를 보면, 다른 동물에 비해 상대적으로 좀 앞선 인간과 많은 것을 공유합니다. 물론 곤충형 외계인은 곤충의 흔적도 보이고, 파충류형 외계인은 파충류의 흔적도 보입니다. 하지만 팔, 다리, 머리, 그리고 얼굴에 있는 눈, 코, 귀, 입의 위치를 보면 모두 인간과 밀접하게 관련되어 진화되어간 듯합니다. 아마 진화의 경로에서 일찌감치 떨어져나가 엄청난 속도로 진화한 존재들이 아닌가 하는 생각이 듭니다. 진화의 경로가 어찌 되었건, 같은 생명진화권 내에서 발전해나간 존재라고 생각합니다.

또 이들은 먼 별이나 은하계에서 왔다고 믿기에는 너무 수시로 우리의 영역에 나타납니다. 그리고 피랍 사건들에서 볼 수 있듯이 인간과 아주 밀접한 관계를 맺고 있어요. 이들은 완전히 다른, 예를 들어 영적인 차원 같은 곳에서 온 존재들이 아닙니다. 이들은 같은 생명진화권에서 나갔고, 아직도 그 진화권에 뿌리를 두고 있으며, 그 진화권의 제약 속에서 그 진화권의 다른 생명체들을 감안하면서 문명의 목적을 설정하고 그것을 추구하기 위해 움직이는 것 같아요. 어쨌든 UFO 출몰과 피랍 현상을 설명함에 있어서 외계인의 유래로서 인접생명권과 광역생명진화권의 존재를 가정하면 이제까지 이해할 수 없었던 많은 현상들을 설명할 수 있습니다.

참고로 제가 지적한 외계인들과 인간의 육체적 유사성은 외계인들이 타임머신, 즉 UFO를 타고 인류의 미래에서 왔다는 시간여행이론으로도 설명됩니다. 즉, 이들은 인류가 진화해 미래에 사는 새로운 종이고, 그들이 발달된 과학적 · 기술적 지식을 이용해 과거인 우리 시간대로 시간여행을 왔다는 것이죠. 이 이론은 육체적 유사성을 설명할 수 있다는 면에서 깊이 들여다볼 가치가 있습니다. 실제로 UFO 주변에는 강한 전자기장이 형성되어 있고 시공간이 왜곡된 것처럼 느껴졌다는 보고들이 많습니다. 그래서 마크 대븐포트Marc Davenport 같은 사람들은 이 시간여행이론을 강력하게 주장하지요. 하지만 제가 물리학적 지식이 없는 상황에서 이렇다 저렇다 평가할 수 있는 이론은 아닙니다. 그리고 현재의 물리학적 이론으로는 시간여행을 외계인의 출현에 적용하려면 아주 가설적인 수준에 지나지 않을지도 몰라요. 아마 시간여행은 좋은 이론이 될 수 있겠지만, 현재로서는 발전시키기 힘든 이론이라고 할 수 있습니다. 물론 제가 말씀드린, 외계인들이 사는 인접생명권이나 모든 생물체들이 속해 있는 광역생명진화권도 아주 가설적인 것에 지나지 않지만요.

최준식 그런데 광역생명진화권이라는 것이 여전히 실체가 모호하게 들립니다. 그런 생명진화권이 정말로 존재하는지부터 그 권역이 얼마나 큰지 혹은 얼마나 심오하고 깊은지에 대해 전혀 알 길이 없기 때문입니다. 게다가 과거의 문헌에서도 이 권역에 대한 언급을 찾을 길이 없습니다. 만일 이전의 인류들이 그런 권역에 대해 아는 바가 있었다면 어떤 형태로든 기록을 남겼을 텐데, 그런 기록이 하나도 없으니 그 실재 여부가 심히 의심스럽습니다. 그에 비해서 UFO에 대한 언급은 동서고금을 막론하고 두루 발견되지요. 과거의 예가 전혀 없는데 갑자기 인접생명권이니 광역생명진화권이니 하는 이야기를 들으니 받아들이기가 쉽지 않은 것이 사실입니다.

반면에 제가 말씀드린 영적 공간은 예로부터 수없이 언급이 되었고, 그쪽 세계에 대한 정보도 꽤 쌓여 있습니다. 그리고 영계가 돌아가는 법칙을 보면 외계인들이 출몰하거나 움직일 때 활용되는 법칙과 얼추 들어맞는 면이 많습니다. 그래서 저는 외계의 영계기원설을 택한 것입니다. 그러나 다시 말씀드립니다만 제 주장에도 한계가 있습니다. 외계인들이 보이는 물질 편향성이 전부 설명되지는 않기 때문이지요. 그런 면에서 지 교수님의 이론이 더 합당할 수 있습니다. 그러나 교수님의 견해는 외계인이나 우주선들의 영적 성질을 설명하는 데 부족하지 않나 싶습니다. 그래서 제 생각에는, 외계 문명의 속성은 우리 둘이 생각하는 그 사이 어디쯤에 위치하는 것 아닐까 하는 추정을 해봅니다. 완전히 영적이지도 않고 그렇다고 완전히 물질적이지도 않은 그 사이 어딘가에 말이지요.

저는 개인적으로 만일 인접생명권이 실재한다면 그동안 존재한 인류 가운데 그것을 언급한 사람이 한 명도 없을 리는 없다고 봅니다. 인류 가운데는 특별한 능력을 가진 사람들이 있어왔습니다. 그들은 대단히 예민한 지각을 갖고 있어서 웬만한 것들은 다 알아냅니다. 그들은 인간의 삶이 윤회한다는 것도 알아냈고, 인간의 마음이 얼마나 깊고 넓은지도 알아냈습니다. 인간의 마음이 지닌 능력과 함께 말이지요. 그리고 그들은 우리 몸에는 인도인들이 쿤달리니Kundalini• 라고 부르는 엄청난 에너지가 잠재되어 있다는 것도 알아냈습니다. 이 에너지는 우리 몸의 회음부나 꼬리뼈 근처에서 잠자고 있는데 이것이 폭발하는 사람은 극소수뿐이라고 합니다. 쉽게 말해서 깨친 사람들만 폭발을 하는 것이지요. 자세한 것은 언급하지 않겠습니다만, 이 에너지가 폭발하면 온갖 초능력이 생긴다고 합니다. 사람의 과거나 미래를 보는 것은 간단한 초능력(숙명통)에 불과한데, 불교에서 말하는 여섯 가지 신통력은 이 에너지가 폭발한 다음에나 가능합니다. 최근에 이런 에너지가 폭발한 사람으로 인도의 구루 가운데는 지두 크리슈나무르티, U. G. 크리슈나무르티, 라마나 마하리쉬 등을 들

• 뱀과 같은 똬리(coiling)를 뜻하는 말로, 하타요가의 고전적인 문헌에서 척추 기저에 똬리를 틀고 있는 뱀으로 묘사되는, 육체에 내재된 영적 에너지를 의미한다.

수 있습니다.

그러니까 이분들은 인간 진화의 정점까지 간 사람들입니다. 인간이 가진 잠재력을 다 발휘했기 때문이지요. 그런데 이런 분들을 포함해 영적으로 뛰어난 사람들이 인간의 생활권에 바로 연결되어 있는 상위의 다른 생활권을 언급한 적이 없습니다. 물론 그들이 언급하지 않았기 때문에 그런 생활권이 존재하지 않는다고 말할 수는 없다는 것을 잊어서는 안 되겠지요. 그렇지만 그 생활권이 정말로 존재한다면 이들이 귀띔이라도 해주었을 것 같습니다.

그리고 타임머신을 언급하셨죠? 그들이 타임머신을 타고 미래에서 왔다는 이야기는 저로서는 잘 모르겠습니다. 그런데 타임머신 문제는 잘 다루어야 합니다. 타임머신이라는 기계는 시간이 과거에서 현재를 거쳐 미래로 흐른다는 직선적인 시간관에서만 가능한 것입니다. 시간을 다른 식으로 정의하면 이 기계는 성립할 수 없어요. 저는 타임머신을 타고 과거나 미래로 갈 수 있다는 데는 동의하지 않습니다. 그것은 가능하지 않다고 봅니다. 그러나 지 교수님이 말씀한 다른 것, 즉 외계인이란 인간이 진화해 만들어진 종이라는 주장에는 전적으로 동의합니다. 저는 만일 인류가 망하지 않고 계속 진화한다면 외계인과 같은 모습을 띨 것이라고 생각합니다. 왜 지금 지구에 사는 사람들 중에도 외계인의 모습과 닮은 사람들이 있지 않나요? (웃음)

QUESTION 그런데 외계인과의 조우 체험을 보면 수없이 다양한 외계인들이 등장합니다. 인간과 똑같이 생긴 외계인이 있는가 하면 눈이 크고 키가 작으며 털이 하나도 없는 전형적인 외계인까지, 그 종류가 매우 다양해서 전체적인 특징을 하나로 꿰어서 말할 수가 없습니다. 이 외계인들은 모두 같은 종족인가요? 아니면 외계에도 나라나 지역 같은 것이 있어서 각각 다른 곳에서 오는 것일까요?

최준식 이 질문도 이렇듯 다양하게 나타나는 외계인들이 존재한다는 가정 아래 답을 구해야 하겠군요. 그런 외계인이 존재하지 않는다면 답을 하는 것이 별 의미가 없을 테니까요. 사실 저는 아직도 그렇게 다양한 외계인이 존재한다는 견해에는 그리 믿음이 가지 않습니다. 우선 지 교수님이 거론한 외계인의 기원에 관한 세 가지 가설(첫째 다른 별이나 은하계에서, 둘째 지구 안이나 바닷속에서, 셋째 다른 우주나 차원에서) 중에서 두 번째가 제일 신빙성이 떨어지는 것으로 보입니다. 바다 등지에서 UFO가 목격되는 경우는 극히 드물어서 이 가설은 일단 접어두어도 될 것 같습니다. 사람들이 가장 쉽게 받아들이는 가설은 첫 번째입니다. 이것은 UFO 연구가들도 마찬가지입니다. 연구가들 사이에서는 이 외계인들이 각기 다른 별에서 올 뿐만 아니라 그 문명이나 과학의 발전 정도가 다 다르다는 주장이 가장 설득력을 얻고 있는 것으로 알고 있습니다. 뿐만 아니라 그들이 오는 행성이나 지역이 다른 것은 물론이고 그들의 성향도 다 다르다고 주장하는 사람도 있습니다. 어떤 외계인들은 지구인들에게 우호적인 감정을 갖고 있는가 하면 어떤 외계인들은 호전적이라고 하지요.

저는 이런 주장을 사실로 받아들이지 않습니다. 심정적으로 믿을 수가 없어요. 그리고 이렇게 다양한 외계인들이 존재한다는 것을 인정한다 해도 그들이 어떤 특별한 행성에서 온다고 생각하지는 않습니다. 그보다는, 굳이 설명한다면 다른 차원에서 온다고 보면 어떨까 하는 생각입니다. 앞에서도 말한 것처럼, 이들이 속해 있는 차원은 수많은 단계로 나눌 수 있을 것입니다. 그들이 다른 모습으로 나타나고 다른 태도를 취하는 것은 다 그 때문이 아닐까 싶습니다. 자신들이 속한 단계에 따라 그 모습이나 성향을 달리한다는 것이지요. 그리고 외계인을 만났다고 하는 사람들의 보고를 들어보면 외계인들이 외적인 모습을 바꾼다는 이야기도 있습니다. 이것이 사실이라면 그들은 육체를 가진 존재일 수 없습니다. 그보다는 그들의 몸은 의식에너지체conscious energy body가 아닐까 하는 생각이 듭니다. 의식체여야 변신이 가능하지 물질체로는 변신이 불가능하기 때문입니다.

이런 발상은 우리가 육신을 벗은 뒤에 가는 영계에서 힌트를 얻은 것입니다. 제가 너무 영계기원설에 기운 것 같기도 합니다.* 어쨌든 이 영계기원설이 제겐 매력적입니다. 영계라는 곳은 그곳에 있는 존재들이 모두 영혼이라는 점만 동일하지 각 영혼의 진화 정도에 따라 수많은 층이 있습니다. 아주 저질의 영부터 말할 수 없이 높은 영까지 셀 수 없이 많은 영혼들이 살고 있는 곳이 영계입니다. 이 세계에서는 영혼들이 자신의 모습을 생각에 따라 바꾸는 것이 가능합니다. 영계는 에너지로만 되어 있어서 사념으로 그 에너지를 자기가 생각하는 대로 주조할 수 있기 때문입니다.

그래서 외계인들이 거하는 공간도 그런 식으로 이루어지지 않았나 추정을 해보는 것입니다. 외계인들이 다양한 모습으로 나타나고 자유자재로 변신할 수 있는 것은 그들의 세계가 영계와 닮은 면이 있어 그런 게 아닌가 생각해보는 것이지요.

지영해 최 교수님의 견해는, 특히 마지막에 말씀한 것은 권위 있는 UFO 연구가 자크 발레Jacque Vallee의 견해와도 약간 통하는 것 같습니다. 발레도 외계인들이 우리와는 다른 차원에서 온다고 봅니다. 수천 년에 걸쳐 전설이나 설화 등에 나타난 요정이나 영물체, 괴물체들은 실상 이들 다른 차원에서 온 존재들이라는 것입니다. 다만 최 교수님과 다른 것은, 이들이 서로 다른 차원에서 오거나, 영체라서 자기 모습을 자유자재로 변형시킬 수 있기 때문에 모습이 서로 다른 게 아니고, 그들을 바라보는 시대의 편견과

● UFO와 외계인의 존재를 믿는 집단들 중에 UFO를 영계와 결부시키는 그룹들이 있다. 1997년 집단자살로 세계적인 물의를 일으켰던 '천국의 문(Heaven's Gate)'이라는 종교집단은 당시 지구로 다가오던 헤일밥 혜성 뒤로 UFO가 숨어서 따라오고 있다고 생각했다. 그들은 UFO를 단지 비행체로 보지 않고, 영적 세계인 천국으로 이어진 문이라고 생각했고, 그런 입구가 지구에 접근할 때 육신을 버리고 그 속으로 진입해야 한다고 믿었기에 집단자살을 택했다. Red Alert: Hale-Bopp Brings Closure to the Heaven's Gate, http://www.heavensgate.com/

문화, 그리고 과학적 지식이 다 다르기 때문에 그 수준에 맞춰 그들의 모양새와 역할을 각각 다르게 해석한다는 것입니다. 그래서 하늘을 날아다니는 20세기나 21세기 현재의 인간에게는 그들이 UFO를 타고 나타나는 존재로 보인다는 것이지요. 하지만 원래 그들의 본질, 그리고 그들이 보여온 행태들, 예를 들어 밤에 침실에 들어와 인간과 성관계를 맺는다든가 그들의 세계로 인간을 납치해 간다든가 하는 것은 여전하다는 것입니다.●

최준식 저는 발레의 의견에 동의합니다. 나타나는 존재들은 다 같아도 인간이 처한 시대나 문화에 따라 다르게 인식한다는 견해 말입니다. 그런데 또 그것만 가지고는 다 설명이 되지 않으니, 이 UFO 현상을 설명하기가 참 힘듭니다. 어떤 완벽한 이론이 나오지 않으니 말이지요.

지영해 글쎄요. 발레의 이론에 상당한 통찰력이 있는 것은 인정하지만, 그대로 받아들이기에는 문제가 있습니다. 과거 사람들이

● 자크 발레는 중세의 요정이나 마귀에 대한 이야기의 연장선상에서 오늘날 UFO와 외계인 소동을 설명하려 한다. 그에 의하면, 오래전부터 아주 가까이에 존재하지만 사람들이 평상시 감각으로는 인지하기 어려운 영역에 이런 존재들이 살면서 인류가 이해할 수 없는 행태를 보여 민담이나 전설의 소재가 되었다고 지적한다. 그에 의하면, 요정들에 의한 인간 아기들의 납치나 바꿔치기, 성적 공격 등은 오늘날에만 일어나는 일이 아니라 이미 오래전부터 있어왔다는 것이다. 그들의 행태는 너무 기괴해서 우리의 일상적인 잣대로는 이해가 불가능하지만, 궁극적으로 거기에 반응하는 이들을 기만하는 행위를 통해 인류 사회를 조작하려는 것으로 해석해야 한다고 주장한다. 외계인 피랍 문제에 대한 발레 박사의 기본 키워드는 '기만'이라고 할 수 있다. Jerome Clark, Jacques Vallee Discusses UFO Control System, FATE Magazine(February 1978); Heretic Among Heretics: Jacques Vallee Interview, Yhe JINN.

천사나 요정들이 구름이나 바람을 타고 홀연히 나타난다고 인지한 것을 20세기 사람들은 순전히 그들이 갖고 있는 과학적 문화 때문에 UFO라는 유사 금속성 비행선으로 이해했다는 주장은 아무래도 무리스럽다는 생각입니다. 과거 사람들과 현재 사람들 사이에 너무 큰 간극을 만들고 있어요. 또 시대적 · 문화적 배경이 인간의 인지능력을 지배하는 정도를 너무 과장하고요.

일단 다양한 외계인들이 있는가 하는 질문에는 저도 '예'라고 대답하고 싶습니다. 순진무구한 어린아이들이 본 외계인까지 합쳐 이제까지 목격된 모습만 해도 10여 종류가 될 겁니다. UFO 모양새만 해도 50가지가 넘는 다양한 우주선이 목격되었어요. 제 생각에는 이들이 열 개 혹은 50개의 다른 차원에서 오기 때문에 그 모습이 다양하다기보다는, 앞에서 말씀드린 것처럼 그들이 사는 인접생명권에도 다양한 존재들이 있기 때문이 아닌가 하는 생각이 듭니다. 인간에게도 다양한 인종과 다양한 교통수단이 있듯이, 그들의 생활권에도 하나의 진보된 외계인 종족이 있지만 그 안에 다양한 변종이 있지 않을까 하는 것이죠. 그중에서 피랍과 혼혈종 생산에 개입된 외계인은 주로 인섹토이드와 큰 그레이, 작은 그레이, 그리고 인간형인 것으로 보아서 이들은 크게는 하나의 그룹에 속하지만, 이들도 결국 그 많은 외계인 집단 중의 하나가 아닌가 싶습니다. 어떤 연구가들은 사실 그레이와 인간형 외계인은 유전자 조작을 통해 이차적으로 만든 것이고, 실제로는 이 그룹에서 인섹토이드만이 원래의 외계인일 거라고 주장하기도 합니다. 물론 이 모든 것은 어디까지나 추측에 지나지 않아요. 혼혈종 생산에 직접 관계하지 않는 외계인들은, 그것이 무엇인지는 몰라도 다른 목적으로 우리 영역에 들어왔다가 나가는 것이겠지요.

최준식 잠시만요. 또 너무 나갔습니다. 지금 아주 전문적인 용어들이 나왔습니다. UFO나 외계인에 익숙하지 않은 사람들은 '인섹토이드'라든가 '그레이'라는 용어가 생소하기 그지없습니다. 좀 설명을 해주고 가시지요. 생긴 모습이나 색깔을 가지고 나누는 것 같은데, 연구자들이 외계인 분류까지 했다니 참 대단합니다. 그리고 어떤 것은 유전자 조작이고 어떤 것은 순수 외계인이라고 하셨는데, 어떤 근거로 그렇게 추정하는지 그것도 궁금합니다. 일반 독자들은 외계인에 대한 연구가 이렇게 많이 되었나 하고 놀랄지도 모르겠습니다.

지영해 제가 설명을 안 하고 그냥 말씀을 드렸군요. 지금까지 목격된 외계인의 모습은 정말로 각양각색이지만, 이들이 모두 피랍 및 혼혈종 생산에 관여하고 있는 것 같지는 않습니다. 피랍자들의 증언에 의하면, 피랍과 관련된 외계인은 크게 네 가지 모습으로 한정됩니다. 첫 번째는 인섹토이드insectoid로, 곤충 특히 사마귀의 모습에 가깝습니다. 둘째는 큰 그레이로, 키가 150~180센티미터 정도 되는 회색빛 혹은 약간 푸른 혹은 연두색 피부를 가졌는데, 때로는 피부 표면이 무색인 경우도 있다고 합니다. 눈은 검고 큰 아몬드형이고, 궁둥이는 독립적으로 발달되어 있지 않으며 팔다리가 비교적 가느다란 존재로 묘사됩니다. 코, 입, 귀는 퇴화되어 흔적만 있고 실제로 사용한다는 증거는 없습니다. 머리는 머리카락이 없으며 몸체에 비해 월등히 발달되어 몸이 전체적으로 가분수형입니다. 셋째는 작은 그레이로, 키만 90~120센티미터 정도로 조금 작을 뿐, 모양새는 큰 그레이와 거의 같습니다. 마지막으로 인간형인데, 이 외계인은 인간과 거의 같은 모습을 하고 있습니다.

이중 어떤 모습이 원래의 외계인이고 어떤 모습이 유전자 조작에 의해 만들어진 것인지는 추측을 해볼 수밖에 없습니다. 우선 피랍 시에 업무 지시를 하거나 그것을 받아들이는 수동성의 정도를 가지고 상하관계를 살펴본다면, 인섹토이드가 가장 지위가 높고 작은 그레이가 가장 낮다는 인상을 받습니다. 작은 그레이가 지시를 내리는 적은 한 번도 없고 큰 그레이나 인섹토이드의 지시를 받아 로봇처럼 분주하게 움직이며 일하는 모습만 관찰되기 때문에 그렇게 추정하는 것입니다.

한편 큰 그레이는 그 큰 눈을 통해 인간 피랍자의 신경 루트를 통제하고 의식을 지배하는, 소위 마인드스캔 능력이 있는 것으로 보입니다. 반면 작은 그레이는 이런 정신적 능력이 거의 없는 것으로 보고되고 있습니다. 이에 비해 인섹토이드는 지시만 내리는 것이 아니라 큰 그레이보다 더 강력한 마인드스캔 능력을 갖고 있으며, 또 피랍 시에 그리 자주 모습을 드러내지 않는 것으로 알려져 있습니다.

이런 계층적 상하관계를 보았을 때, 특히 작은 그레이의 목이 곤충처럼 가느다란 것을 보면, 어쩌면 작은 그레이는 단순노동의 기능을 수행시키기 위해 인섹토이드와 다른 외계인 사이에서 인공적으로 만들어진 혼혈종이 아닌가 하는 추측을 해봅니다. 인간형은 원래 인간형 외계인이 있는 것이 아니라, 인간과 외계인 사이의 혼혈종을 인간과 재혼혈시켜서 얻은 것으로 추측합니다. 어쨌든 인섹토이드가 큰 그레이와 작은 그레이를 통제하는 가장 높은 지위를 갖고 있는 것으로 보입니다. 이 모든 것은 몸과 얼굴 형태로부터 추론한 것이지, 외계인이 그런 정보를 주었다든가 외계인의 유전자를 검사했다든가 하는 것은 아닙니다. 아직 이들의 정체는 베일에 싸여 있습니다.

최준식 아니 이 정도로 연구가 되어 있었나요? 외계인들의 상하체계까지 분석을 하셨다니 말입니다. 다 추정이라고 하지만 아주 재미있습니다. 보통 사람들은 외계인의 존재부터 긴가민가하는데 지 교수님은 외계인들의 종류를 말씀하시고 그들의 위계질서까지 이야기하시니 그 인식의 간격이 실로 엄청나군요.

그런데 우리가 이 정도로 자신들을 파악하고 있는 것을 외계인들도 알까요? 그들은 자신들의 일을 가능한 한 비밀리에 하려 했는데 인간들이 자신들에 대해 어느 정도 파악하고 있는 것을 신기하게 생각하지 않을까요? 지구의 인간들이 수준이 아주 낮은 줄 알았는데 자신들에 대해 파헤치는 것을 보고 놀라지는 않을까 하는 황당한 생각도 해봅니다. 그들이 혹시나 '많이 들켰군'

하고 독백을 하지나 않을까요.

아니면 그 반대로도 생각해볼 수 있습니다. 그들이 우리에게 고의로 정보를 흘렸을 수도 있겠다는 것이지요. 지구에 사는 인간들이 알아야만 하는 기본적인 정보를 아주 조금 흘렸을 가능성을 생각해보자는 것입니다. 너무 많은 정보를 주면 인간들이 받아들일 수 없을 거라고 계산하고 아주 조금만 정보를 흘리지 않았을까 하는 것입니다. 그런데 우리 인간들이 그것을 너무나 못 알아채서 그들 나름대로 답답해하고 있지는 않을까 하는 자조적인 생각도 해봅니다. 다 부질없는 이야기일 수 있지만, 이 동네는 어차피 상상력이 많이 필요한 곳이라 용을 쓰면서 상상을 해봅니다. (웃음)

QUESTION **지금까지 UFO나 외계인들을 목격한 사람들의 증언을 들어보면, 그들은 우리 인류보다 굉장히 우월한 존재처럼 보입니다. 만일 이들이 정말 우월하다면 인간보다 얼마나 우월한지 궁금하지 않을 수 없습니다.**

지영해 '우월하다'는 말을 두 가지 의미로 쓸 수 있겠어요. 하나는 기술적 의미에서의 우월이고, 또 하나는 그들이 우리에 대해 가질 수 있는 물리적 통제력이죠. 지금까지 UFO의 비행 행태와 피랍 체험을 분석해볼 때, 그들은 지구 문명이 상상할 수 없을 정도의 기술문명을 보유하고 있는 것은 확실한 것 같습니다. 그들이 타고 온 비행체의 비행 행태만 봐도, 그들의 기술은 우리가 알고 있는 자연법칙의 테두리를 벗어나 있습니다. 한 예로, 그들의 비행체는 하나였다가 두 개로도 나뉘고, 두 개가 하나로도 합쳐지며, 비행 중 비행체의 형태가 변하기도 하지요. 또 피랍 시 외계인들이 벽이나 천장을 그대로 통과해 오기도 하고, 피랍자들도 마찬가지로 벽을 그대로 뚫고 데려가기도 합니다. 이런 것은 아직 인간이 상상조차 할 수 없는 현상이에요. 이런 면에서 그들이 월등히 앞선 기술문명을 갖고 있는 것은 확실합니다. 물론 이들의 기술문명이 월등하다고 해서 인간을 완전히 이해하고 있다는 얘기는 아니지요. 앞에서 말씀드렸듯이, 인간에 대한 정보는 아직 제한되어 있고 인간을 다룸에 있어서 그들의 판단과 실제 결과 사이에는 늘 갭이 있습니다. 자유의지를 갖고 마음대로 행동하며, 또 그들에게는 생소한 인간적 충동과 감정을 갖고 있는 인간의 행태를 이해하거나 예측하기란 그들로서도 쉽지 않을 겁니다.

한편 물리적 통제력의 경우, 인간을 자유의지에 반해 납치해 가고, 피랍 후 그들이 원하는 대로 생체실험을 하고 혼혈종을 생산하는 과정에서 심리적·신경외과적 통제를 가합니다. 현재로서는 인간이 외계인들의 신경외과적 통제를 거부할 수 있는 길은 없습니다. 그들로서는 그런 통제를 계속 유지해야만 혼혈종 생산에 도움이 되겠지요. 그렇다고 그들이 월등히 앞선 기술문명을 가지고 우리를 정치적으로 통제한다든가 군사적으로 위협한다든가 하는 일은 아직 없습니다. 그들은 원하면 인간에 대해 엄청난 정도의 물리적 통제력을 행사할 수 있으나, 그 통제력을 우리가 흔히 생각하는 정치적 속박 혹은 군사적 정복에 사용하지는 않고 않습니다. 그런 의미에서 이들은 기술적 측면만이 아니라 정치적 측면에서도 인간에 비해 월등히 우월한 존재라고 할 수 있을 것입니다.

최준식 지 교수님은 외계인들이 물리 · 기술적으로나 정치적으로 앞선 존재라고 생각하는데, 저는 앞에서 계속 밝힌 것처럼, 외계인들은 그런 세속적이거나 물질적인 것을 넘어서 영적으로 인간보다 앞선 존재라고 보고 있습니다. 제 생각에는 저들이 보이는 행태는 아무리 과학기술이 발전했어도 가능한 것이 아니기 때문입니다. 저들은 물질계를 넘어선 존재로, 저들과 우리 인류 사이에는 뛰어넘을 수 없는 틈이 있는 것으로 생각됩니다. 다시 말해, 우리 인류가 지금까지 쌓아온 과학기술을 계속 발전시키면 저들과 같아지는 게 아니라는 이야기입니다. 그런 면에서 저들의 문명과 인류의 문명은 불연속적이라고 할 수 있습니다. 우리가 지금처럼 선형적인linear 발전을 계속하더라도 저들과 같은 상태에 도달하지는 못한다는 것이지요.

지영해 외계인들이 '영적'으로 인간보다 앞섰느냐 하는 문제는 '영적'이라는 단어의 의미에 따라 달라진다고 생각합니다. 만일 '영적'이라는 말이 물질적인 것에 대비되는 초월적, 무오류적, 순수 정신적, 그리고 에너지 형태의 존재 혹은 그런 존재로 변화될 수 있는 능력 등을 말하는 것이라면, 외계인은 그런 존재가 아닐 것으로 판단됩니다. 하지만 '영적'이라는 단어가 어떤 범합리적 원칙에 따라 합목적적으로 움직이며 최소한의 비이성적 힘이나 충동, 유혹으로부터 벗어난, 진정한 의미에서의 자유로운 사고와 선택의 능력을 말하는 것이라면, 이들은 상당히 영적인 능력을 취득한 것으로 봐야 할 것입니다. 사실 이런 경우 '영적'이라는 말보다는 '정신적'이라는 말이 더 적합하지요. 피랍자들이 관찰한 이들의 행태는 충동이 개입되지 않으며, 철저히 합목적적으로만 움직입니다.

물론 그렇다고 해서 외계인들이 모든 면에서 '우월'한 존재라고 한다면 어폐가 있습니다. 인류가 발전시켜온 예술과 정적인 문화는 보편적인 미학적 경험에 합치하는 초월적 가치로의 도약을 가능하게 하는 아름답고도 신비스러운 힘입니다. 수많은 결점에도 불구하고 인간이 갖고 있는 특별하고 우수한 성향이지요. 이런 점에서 보면, 어쩌면 맹물처럼 문화적 맛이 다 빠진 것으로 보이는 외계인들의 행태나 그들의 사회가 보여주는 단면은 '저 존재들은 도대체 무엇을 위해 사는 것일까?' 하는 생각이 들게도 합니다. 그러나 인류가 현재 직면한 여러 위기의 근저에는 매우 충동적인 심리적 결함이 자리잡고 있고, 바로 외계인들이 보여주고 있는 철저한 합목적적 사고와 정신적 자기통제력이 결여됨으로 인해 위기가 초래되고 있음을 볼 때, 그저 피상적으로만 비교해봐도 기술문명뿐만이 아니라 모든 면에서 인류는 외계인에 비해 매우 뒤처진 존재라고 말할 수 있지요. 글쎄요, 이 문제는 복잡해서 좀 더 같이 생각을 해봐야 할 것 같습니다.

최준식 지금 지 교수님이 말씀한 것은 매우 재미있습니다. 특히 영적인 것과 정신적인 것의 개념을 구별한 것이 아주 흥미롭게 들립니다. 이에 대한 제 입장을 말한다면, 저는 외계인들이 이 두 가지 면을 다 갖고 있다고 봅니다. 외계인은 그냥 영적인 존재가 아니라 출중한 이성적 능력을 가진 존재라고 보기 때문이지요. 그런데 교수님의 그다음 이야기가 더 흥미롭습니다. 외계인들의 문화는 맹물처럼 문화적인 것이 다 빠진 것 같다는 말씀 말입니다. 피랍자들의 증언을 들어보면 분명 그렇게 보일 여지가 있습니다. 외계 비행선이라는 게 차디찬 금속으로만 되어 있는 것처럼 묘사되니 말이죠. 그리고 그들의 몸이라는 것도 미니멀리즘의 첨단을 달린다고 할 정도로 간소화되어 있어 미적인 것과는 거리가 먼 것처럼 보이고요.

교수님은 인간이 외계인들에 비해 다른 것은 떨어질지 몰라도 예술적으로는 외계인보다 앞선 존재라는 뉘앙스의 말씀을 하셨는데요. 매우 독창적인 발언으로 생각되지만, 여기서도 또 몇 가지 의문이 드는 것은 피할 수 없습니다. 우선 인간의 예술이라는 게 그렇게 대단한 것인가 하는 의문입니다. 저도 개인적으로야 인간의 예술을 아주 좋아하지만, 그렇다고 그렇게 수준이 높다는 생각은 별로 하지 않습니다. 특히나 현대 미술가들이 하는 일을 보면 개념의 장난으로만 보일 때가 많습니다. 이들의 작품들은 우리 인간이 가진 능력 가운데 너무나 좌뇌적인 것만 쓴 것 같아

감동이 덜합니다. 백남준의 예술을 봐도 그 기발함에는 혀를 내두르게 되지만, 우리 존재 전체를 흔드는 그런 감동은 없습니다. 그런 한계를 백남준 자신도 알고 "예술은 사기다"라고 한 것 아닐까요? 저는 그의 훌륭함은 바로 거기에 있다고 봅니다. 자신이 하는 일을 무화無化시키는 그 솔직함과 대담함 말입니다. 그에 비해 다른 예술가들은 지나치게 진지해요.

이 문제는 주관적인 것이니 그만 이야기하지요. 제가 진정으로 의문시하는 것은 그다음 말씀입니다. 외계인들은 문화가 없다는 식으로 말씀했잖습니까. 그런데 말입니다, 과연 그처럼 합목적적이고 극도로 이성적이며 자유로운 존재가 예술적인 것을 소홀히 했을까요? 이것은 매우 근본적인 질문이기도 합니다. 우리 인간이 추구하는 것을 보통 '진선미'라고 하지 않습니까? 합리적인 이성을 이용해 진(리)을 추구하고, 내적인 도덕적 완성을 위해 선을 추구하고, 탐미적으로 미를 추구한다는 것이지요. 우리 인간은 바로 이 세 가지를 동시에 추구하고 있습니다. 그리고 이 셋은 따로따로 가는 것이 아니라 항상 같이 가게 되어 있다고 생각합니다. 그러니까 이성만 발달하고 윤리의식이 없는 경우도 없고 도덕은 많이 발달했는데 예술은 형편없는 그런 경우의 수는 없다는 것이지요.

만일 이 가정을 받아들인다면, 외계인들도 분명 그들 나름대로의 미적인 문화를 가지고 있을 것입니다. 그렇게 합목적적이고 충동에 흔들리지 않으면서 자유로운 존재가 미적으로는 바닥을 헤매고 있을 거라고 생각되지는 않습니다. 단지 미숙한 지구인들이 그것을 알아차리지 못해서 그렇게 보이는 것 아닐까요? 우리의 미적인 개념을 그들의 세계에 뒤집어씌우면 안 된다고 생각합니다. 거꾸로 생각해서 외계인들이 가진 미학의 틀로 보면 우리의 예술이 형편없을 수도 있습니다.

지영해 진선미truth, goodness, beauty는 하나로 같이 가게 되어 있다는 말씀이 참 가슴에 와닿는군요. 외계인이 도달한 지식수준truth은 초월적으로 극한의 수준일 것이며, 동시에 그에 대응되는 극도의 자비로움goodness을 본성으로 갖고 있을 것이며, 따라서 그들의 영혼도 아름다움beauty의 형태로만 표출될 것이라는 말씀이죠? 그러니 아름다움을 본성적으로 추구하는 외계인들에게 예술이 없다는 말은 어불성설이라는 말씀이겠고요.

그런데 제가 말씀드린 뜻을 충분히 설명드리지 못한 것 같습니다. 우선 예술이 주로 미, 즉 아름다움을 표현하고 전달하는 매체라는 교수님의 전제에 약간 의문이 듭니다. 저는 예술을 아름다움을 표현하는 매체가 아니라, 진선미 전체를 드러내는 매체로 이해합니다. 교수님도 미가 진과 선에 동시에 맞닿아 있다고 하지 않으셨던가요. 예술은 학문과 과학을 넘어서는 인간 최고의 존재양식이자 표현양식이라고 봅니다. 예를 들어, 누군가 우주가 작동하는 근본원리를 보여달라고 했을 때 과학으로 구구절절이 풀어내려고 하면 다 설명할 수도 없거니와, 설명이 가능하다 하더라도 아주 부분적인 것이 될 것입니다. 예술은 그것을 통시적으로, 통합적으로 순간에 이루어냅니다. 여기서 예술은 정보와 지식을 넘어 봄seeing의 행위, 즉 조견照見, illuminate and see의 차원으로, 우리의 살과 뼈를 순간적으로 들어올려 깊은 감동 속에서 진실truth을 보게 하지요. 진실을 단순히 부분을 합한 산술적 합계가 아닌 원래의 하나 된 모습 전체로 보여주기 때문에 예술은 극치의 감동을 주는 것 아닐까요? 그리고 그런 비전의 전체성 때문에 이 '봄'의 순간은 동시에 선하고도good 아름다운beautiful 과정이 될 수밖에 없겠지요.

최 교수님 말씀대로 외계인들에게는 내적으로 이런 능력이 있을 수 있다고 봅니다. 하지만 그 아름다움이 꼭 인간이 갖는 예술의 형태로 표출되어야 할 이유는 없을 것입니다. 그것은 철저히 신비하고도 내면적인 과정이며, 우리가 외적으로 표출하는 예술 행위와는 전혀 다른, 그들에게만 알려지고 이해될 수 있는 과정일 것으로 추측됩니다. 실제로 UFO 목격자나 피랍자들이 외계인들과 같이 있는 동안, 음악이나 미술, 조각, 춤 등 인간의 예술 행위와 동일한 혹은 비슷한 아니면 그야말로 조금이라도 인간적 예술의 냄새가 나는 행위나 말이나 몸짓이나 소리나 물건을 본 사례는 한 건도 없습니다. 따라서 제 말씀은, 높은 차원에서의 예술에 해당되는 요소는 그들에게도 있겠으나 우리는 그것이 무엇인지는 알 수 없으며, 다만 겉으로 보기에는 인간이 추구하는 가시적 예술행위가 그들에게서는 관찰되지 않는다는 것이죠. 선생님의 말씀에 전적으로 동의하지만, 교수님과 제가 이해하는 예술의 개념이 조금 다른 것 같습니다.

최준식 만일 우리가 저들과 동등하게 대화를 하려면 우리도 저들이 있는 차원으로 올라가야 합니다. 그런데 그것은 과학기술로 되는 것이 아니라 영적인 진화를 해야 가능합니다. 과학이 아무리 발전해봐야 그것은 여전히 물질적인 영역에 머무는 것이기 때문에 영적인 차원까지는 가지 못합니다. 그런데 지금 인류는 영적으로 아주 하등한 상태에 있습니다. 인류 전체 역사 중 99퍼센트 이상이 구석기시대였고, 도구를 만들기 시작한 신석기시대는 불과 1만 년 전에 시작되었습니다. 신석기시대를 이은 청동기시대에 국가 비슷한 것이 생겨나면서 문화가 발전하기 시작합니다. 그런데 이때부터 인류는 노상 전쟁하면서 서로를 죽이기 바빴습니다. 그 참상은 지금도 이어지고 있지요.

지난 역사 동안 극소수의 뛰어난 영적 지도자가 나왔지만 인류는 거의 바뀌지 않았습니다. 영적으로는 거개의 인류가 아직도 바닥을 치고 있습니다. 그들에게 가장 큰 문제는 이기심과 욕심, 그리고 권력에 대한 갈망이라고 했습니다. 인류는 이런 부정적인 마음 때문에 스스로를 파멸하고 있고 이 지구를 형편없게 만들었습니다. 지금 이런 판국에 과학기술이 아무리 발전해봐야 그 파괴의 강도만 더 높일 뿐 인류의 영적 발전에는 별로 도움이 안 됩니다. 사실 이번 인류의 앞날이 엄청나게 걱정됩니다. 이 점은 나중에 다시 비중 있게 다루어야 할 것입니다.

QUESTION **외계인을 목격했다는 사람들이 묘사하는 외계인들의 성향은 목격자마다 다른 것 같습니다. 어떤 이는 선한 느낌을 받았다고 하는가 하면, 어떤 이는 공포스러운 느낌을 받았다고 합니다. 도대체 이 외계인들은 선한 존재일까요, 악한 존재일까요?**

지영해 이것은 심각한 철학적 문제이기도 합니다. 철학자들은 만일 고도로 발달한 문명이 있다면 그들은 공격적이지 않으며 이기적이지 않고 평화를 사랑하는 존재들일 것이라고 봅니다. 만일 공격적이었다면, 스스로를 공격해 문명이 자멸하는 결과를 가져오기 쉽고, 그렇다면 행성 간 여행을 할 수 있을 만큼 오랜 진화를 하기도 힘들다는 것이죠. 하지만 발달된 외계 문명의 가능성을 받아들이는 케임브리지대학 물리학 교수 스티븐 호킹 같은 사람은 외계 문명과 조우한다면 무조건 피하는 게 상책이라고 합니다. 유럽 문명이 아메리카대륙을 처음 발견하고 저지른 잔인한 짓들을 보면, 지능을 소유한 생명체는 다른 문명을 보았을 때 공격적이고 수탈적인 행태를 보일 거라고 전제하는 것입니다.

최준식 외계인들의 인성에 대해서 말들이 많지요? 저는 일단 지 교수님이 인용한 철학자들의 의견에 동의를 표합니다. 그러나 조금 더 포괄적인 이유로 동의합니다. 저는 앞에서 외계인들은 영적으로 인간과는 차원을 달리하는 뛰어난 존재라고 했습니다. 그리고 그들이 있는 차원을 초의식적인 차원이라고 했지요. 이 차원은 쉽게 들어갈 수 있는 곳이 아닙니다. 인간들이 결코 넘볼 수 없는 초절정의 지혜와 인간계에서는 경험하기 힘든 자비심이 있어야 합니다. 그리고 그런 지혜를 얻으려면 인간의 한계를 넘어서는 엄청난 수행을 해야 합니다. 그래서 인류 가운데 이곳에 간 사람은 지난 역사 동안 그야말로 손가락으로 꼽을 수 있는 극소수에 불과합니다. 이런 사람들은 우주의 이치에 눈을 떴을 뿐만 아니라 그 원리를 자기의 뜻대로 할 수 있는 이들입니다. 그러니까 지상의 시공의 법칙에 얽매이지 않는다는 것이지요. 글쎄요, 이런 사람을 두고 오로빈도가 '초인'이라고 한 것 아닐까요?

따라서 만일 이 명제를 받아들인다면, 외계인들은 인류가 갖고 있는 가장 큰 문제를 해결한 것으로 보입니다. 그들은 불교의 금강경에서 말하는 아상我相을 완전히 버린 존재라는 것이지요. 그렇다면 그들에게는 욕심이나 적개심 같은 부정적인 마음이 있을 수가 없습니다. 만일 그들이 이런 부정적인 마음을 조금이라도 갖고 있다면 그들은 물질계를 벗어나지 못했을 것입니다. 이런 부정적인 마음은 아집과 욕심 등의 물질적인 마음을 만들어내기 때문이지요. 그렇다면 그들은 우리가 목격하는 것처럼 그렇게 시공을 마음대로 휘젓고 다닐 수 없습니다. 여전히 물질계에 갇혀 있기 때문이지요. 그리고 이들은 자비의 화신이라고 할 수 있습니다. 이들이 아상을 극복하고 욕망을 초월했다는 것은 더 이상 이기주의자가 아니라는 것인데, 그렇다면 그들은 사랑으로 가득 차 있어야 합니다.

그런 의미에서 저는 호킹의 의견은 완전히 틀렸다고 생각합니다. 백인들이 아메리카대륙에 가서 잔인한 짓을 한 것은 덜떨어진 인류끼리 만나서 그런 것이지, 차원이 다른 존재들이 나타나서 한 일은 아니지 않습니까? 호킹은 과학의 영역을 넘어서는 분야에 대해서 발언하는 경우가 종종 있더군요. 얼마 전에 그는 사후의 삶은 없다고 주장했는데, 이 영역은 물리학의 범주 밖에 있는데 왜 자꾸 언급하는지 모르겠습니다. 그런 차원에서 그의 외계인에 대한 발언 역시 과학자로서 적절치 못한 처사로 생각됩니다.

지영해 외계인의 앞선 문명은 반드시 공격적이며 수탈적일 수밖에 없다는 호킹의 사고는 인간 중심 우주론의 전형적인 패턴이죠. 저도 최 교수님 말씀에 동의합니다. 저는 앞선 문명은 항상 지고하고도 숭고한 어떤 보편적인 원칙과 법에 따라 객관적으로 움직인다고 생각합니다. 그리하여 그 법 안에 있는 모든 존재들이 보호를 받고 생명 현상을 유지해나가는 것이죠. 그 범우주적인 원칙과 법이 무엇인지는 하등 문명은 알지 못합니다. 고등 문명만이 알거나 정의할 수 있겠지요.

최준식 앞에서 지 교수님이 언급한 철학자들의 견해가 아주 흥미롭습니다. 외계인들이 평화를 사랑하고 공격적이지 않다고 보는 이유가, 만일 그들이 공격적이라면 그들 문명이 발전하는 특정 단계에서 서로를 공격해 자멸했을 것이기 때문이라는 견해 말입니다. 그런데 문제는 말이죠, 우리 인류가 바로 지금 그런 상태에 있다는 것입니다. 우리 인류는 현재 핵폭탄을 비롯해 지구를 가

루로 만들 수 있는 가공할 만한 폭탄들을 갖고 있습니다. 게다가 전쟁이라도 잦아들면 좋겠는데 횟수가 더 잦아지고, 나아가 아주 잔인하고 악랄하고 교활해지고 있습니다. 거기다 환경 문제는 최악으로 치닫고 있습니다. 이렇게 보면 이번 인류는 외계인들이 속한 초월적인 차원으로 진입하는 것이 거의 불가능하지 않겠나 싶습니다. 이것은 20세기 중반에 들어와 UFO의 출현이 부쩍 늘어난 것과도 관계가 있을 것 같습니다. 이 점에 대해서도 뒤에 본격적으로 논의했으면 좋겠습니다.

최준식
×
지영해
×
×
×
×
×
×
×
×
×
×
×

take. 3

그들은 왜 우리를 방문하고 있는가?

QUESTION 지금까지 우리는 외계인들의 정체에 대해 논의했습니다. 이제부터는 그들이 인간을 방문하는 문제에 대해 토론해보겠습니다. 물론 이것도 그들이 우리를 방문한다는 것을 사실로 받아들일 때에만 가능한 이야기입니다. 두 분은 외계인들이 우리를 방문한다는 것을 사실로 받아들이지요? 그렇다면 그다음 질문은 대략 두 가지로 정리되지 않을까요? 그들은 언제부터 우리를 방문했고, 그리고 왜 방문하고 있느냐 하는 것입니다. 이 두 질문은 매우 밀접하게 연결되어 있습니다. 그럼 첫 번째 질문부터 볼까요? 이것은 상대적으로 쉬운 문제인 것 같아 먼저 질문을 드립니다. 외계인들은 언제부터 인간을 방문해온 것일까요?

최준식 글쎄요, 그들이 지구를 방문했다는 것을 기정사실로 보고 이 질문에 대답한다면, 그들은 오래전부터 지구를 방문해왔을 것으로 보입니다. 그것이 언제부터인지는 확실히 모릅니다. 아마 인류가 이 지구상에 나타났을 때부터 외계인들은 인류를 관찰하지 않았을까요? 한 차원 높은 상태에서 낮은 차원을 관망하는 것은 그다지 어렵지 않았을 테니 그들은 인류를 지속적으로 관찰했을 것 같습니다. 약 200만 년 전에 인류가 생겨난 것으로 되어 있으니까, 외계인들도 참으로 오랫동안 인류를 관찰해온 셈이지요. 그런데 외계인들이 있는 곳은 시간과 공간을 초월한 공간이기 때문에 그들에게는 인간계의 시간개념이 없습니다. 따라서 그들은 시간에는 별로 신경을 안 썼을 겁니다. 시간개념이 없으면 1년이든 1만 년이든 아무 의미가 없으니까요.

제가 추측하기로는 과거에는 외계인들이 지구를 그다지 많이 방문하지 않은 것 같습니다. 왜냐하면 인류 사회에 변화가 거의 없었기 때문입니다. 인류가 과학을 발전시키기 전까지 사람들은 기본적으로 채집이나 사냥에 의존해 먹을 것을 해결했으며, 그 다음에는 주로 농경을 하면서 생활했습니다. 따라서 이 시기에는 별다른 변화가 있을 수 없었지요. 그러니 외계인들도 그리 신경을 써서 관찰할 거리가 없었을 겁니다. 물론 전쟁이야 많이 있었죠. 그렇지만 아무리 큰 싸움이 벌어져도 인류는 가공할 만한 무기를 가지고 있지 않았습니다. 그러니 파괴력이 시원치 않았죠. 물론 공격성은 그때나 지금이나 똑같지만요.

이 기간 동안에는 지구의 환경도 전혀 문제가 없었습니다. 인류가 손에 든 게 시원치 않으니 환경을 파괴해봐야 아주 낮은 수준이었습니다. 사실 엄밀하게 말해서 쟁기로 밭을 가는 것도 환경을 파괴하는 것입니다. 그러나 그 정도로는 자연이 별 영향을 받지 않으니 당시에는 전혀 문제 될 것이 없었습니다. 이에 비해 땅을 태워 밭을 만드는 것은 훨씬 더 자연 파괴적이었습니다. 그러나 이것도 인류 전체를 공멸로 이끌 만큼 파괴적이지는 않았습니다. 인류는 그런 상태로 최근까지 왔습니다.

사정이 이러하니 외계인들이 인류를 주의 깊게 관찰할 필요가 없었겠지요. 아니, 제가 개인적으로 추측하기로는, 그들은 우리의 생각을 다 읽고 있기 때문에 굳이 지구에 나타날 필요가 없었을 것 같습니다. 이상하게 들릴지 모르지만, 저는 그들이 우리 인간들이 어떤 생각을 하고 사는지 그 대강은 알고 있다고 생각합니다. 그들은 우리보다 높은 차원에 있기 때문에, 마음만 먹으면 혹은 마음의 파동만 맞추면, 우리가 무엇을 생각하고 마음의 상태가 어떤지 알 수 있을 것이라는 얘기입니다. 그런데 지구에서 어떤 위험신호도 감지되지 않으니 굳이 인간들에게 보이게끔 나타날 필요가 없었던 것이지요.

그러다 지구에서 과학이 발달하면서 외계인들에게 심상치 않은 신호가 접수되었을 겁니다. 인류는 신석기시대에 갈아서 만든 석기를 생산하고 불을 이용할 줄 알게 된 다음부터 불과 1만 년 만에 컴퓨터를 만들어냈습니다. 이것은 놀라운 변화지요. 아주 빠른 변화고요. 그러는 과정에서 인류는 자기 자신을 잘 조절하지 못해 스스로의 능력을 벗어나는 일을 저지르고 말았습니다. 저는 개인적으로 그 대표적인 예가 원자탄 같은 핵무기의 산출이라고 생각합니다. 원자탄을 만들기 전까지 인류가 만들어낸

무기는 그다지 파괴력이 강하지 않았습니다. 그러나 원자탄은 다릅니다. 인류가 원자탄을 만들면서 인류 역사상 처음으로 공멸될 위기를 맞게 되었습니다. 원자탄은 한 번 터지면 그 파괴력이나 후유증이 이전의 무기들과는 비교가 안 될 만큼 엄청납니다.

그리고 지구의 생태계에서도 위험한 신호가 많이 감지되었을 겁니다. 이 점은 뒤에서 더 자세히 이야기를 나누게 되겠습니다만, 지구 인류가 직면한 환경 문제는 이제 인류의 손을 떠난 것으로 보입니다. 그만큼 심각하다는 얘기지요. 그런 까닭에 20세기 후반 들어 UFO의 출현이 훨씬 많아진 것이 아닌가 싶습니다. 이런 인류의 제반 상황을 걱정한 나머지 이들이 많이 나타나는 것 아닐까요?

지영해 이 질문에 대해서는 자신이 없습니다. 선사시대 유적에 외계인이나 UFO를 묘사한 듯한 그림이 있기는 하지만, 이것은 확실치 않기 때문에 이것을 가지고 무엇을 주장하기는 불가능합니다.* 그냥 추측건대, 인류가 출현했을 때부터 관찰해오지 않았을까요? 바로 인접생명권에 있으니까 인간을 관찰하기가 어렵지 않았을 겁니다. 구약성경의 에스겔서 1장 4~28절 등 고대 중근동 전설과 신화에서 유래한 문서에는 UFO의 출현을 암시하는 기록이 더러 있기는 합니다. 하지만 이 문헌들은 얼마만큼 현실에 근거를 둔 것인지를 측정할 수 없기 때문에, 실제로 있었던 일로 받아들이기는 힘듭니다.

20세기까지만 하더라도 인간이 하늘을 날지 않았기 때문에 하늘에 무엇이 얼마만큼 날아다니고 있었는지 가늠할 길이 없습니다. 근대 이전에 피랍 사건이 빈번히 일어났다면, 문헌에 반복적으로 언급되어 있어야 합니다. 하지만 제 짧은 중세 문헌에 대한 지식을 기초로 해 본다면 민화나 설화 등의 이야기를 제외하고는 근대 이전에 피랍 사건이 빈번히 있었음을 보여주는 믿을 만한 문서 기록은 없습니다. 따라서 결국 최 교수님과 같은 결론에 도달할 수밖에 없습니다. 즉, 외계인은 인간을 오래전부터 관찰해왔고, 또 원하면 수시로 방문할 수 있는 위치에 있으나, 본격적으로 UFO를 타고 방문하기 시작한 것은 인류가 하늘을 날기 시작하면서부터이고, 특히 피랍은 20세기 중반부터 본격적으로 벌어지기 시작했다는 것입니다.

QUESTION **그렇군요. 그럼 다음 질문으로 넘어갈까요? 만일 현대에 들어와 이**

● 칼 세이건은 하버드대학 조교수 시절이던 1960년대 초에 역사시대에 우리 은하계에서 고도로 발달한 외계 문명이 지구를 적어도 한 번 이상 다녀갔을 것이라는 논문을 발표한 바 있다. Carl Sagan, Direct contact among galactic civilizations by relativistic interstellar spaceflight, *Planetary and Space Science*, Vol. 11 Issue 5, pp. 485–498 참조.
칼 세이건이 구소련 천문학자와 공저로 낸 책에서는 수메르 신화에 괴물 모습을 한 존재가 인류에게 문명을 전달했다는 내용이 있다는 사실을 지적하면서 이 존재가 외계인일 가능성도 언급한 바 있다. Carl Sagan & I. S. Shklovskii, *Intelligent Life in the Universe*, Authorized translation by Paula Fern, San Francisco: Holden-Day, Inc.(1966).
당시 칼 세이건의 주장들은 에리히 폰 대니켄과 같은 대중 작가들의 상상력을 자극해 고대 암벽화 등에서 외계인의 흔적을 찾으려는 시도를 촉발했다. Erich von Däniken, *Chariots of the Gods: Unsolved Mysteries of the Past*, Berkley Books(1999, originally published in Germany in 1968).

들이 부쩍 우리를 자주 찾고 있다는 두 분의 가정이 맞다면, 이런 현상이 왜 나타난다고 생각하십니까?

최준식 저는 이 면에서는 다른 많은 UFO 연구자들과 의견을 같이합니다. 큰 재난에 빠진 이 지구상에 살고 있는 인류가 지금 어떤 상태에 있는지 파악하고, 앞으로 이 과정이 어떻게 진행될지, 더 나아가서는 문제 많은 이 인류를 도울 수 있는 방법이 무엇인지를 알아보기 위해서 뻔질나게 지구를 방문한다는 것입니다. 그런데 굳이 '방문한다'는 표현을 쓰지 않아도 될 것 같습니다. 먼 곳에서 오는 것이 아니라 차원을 달리해서 오는 것이니 방문이 아니라는 생각이 들기도 합니다.

이 존재들이 왜 우리를 도우려 하는가에 대해서도 설명이 필요합니다. 제 가설에 따르면, 앞에서도 본 것처럼 이들은 영적으로 매우 발전된 존재입니다. 영적으로 매우 발전했다는 것은 두 가지 능력이 매우 발전했다는 것을 뜻합니다. 지혜와 사랑이 그것입니다. 지혜가 있어 사물의 본질을 꿰뚫어보는 이지력을 갖고 있을 뿐만 아니라, 다른 존재에 대한 사랑의 감정이 큽니다. 외계인들은 우주 안의 모든 생명은 하나이고 모두 연결되어 있다는 것을 몸소 체험했을 것이기 때문에 다른 존재들을 향해 사랑의 감정을 갖지 않을 수 없을 겁니다.

외계인들의 영적 능력이 이렇게 뛰어나다는 것은, 그들이 갖고 있는 자비의 감정 역시 대단한 수준이라고 추정할 수 있게 합니다. 지혜와 자비는 항상 같이 가는 개념이기 때문에 그렇다는 것입니다. 조금 풀어 설명하면, '자비로운 악한benign villain'이나 '악한 현자vicious sage'는 있을 수 없다는 이야기지요. 이 가정에 따르면, 외계인들은 자비로운 현자여야만 합니다. 이게 영적으로 출중한 사람들의 모습입니다. 그런 그들의 입장에서 볼 때 지구상의 인류는 너무나도 안타깝습니다. 잠재적인 능력이나 기본 품성은 외계인 자신들과 같은데 하는 꼴을 보면 참담하기 그지없기 때문이지요.

지금 인류가 처해 있는 가장 큰 위기는, 앞에서 본 대로 핵과 환경 문제입니다. 이것은 밖으로 드러난 것이고, 이렇게 상태가 악화된 데에는 인간의 성품에 내재되어 있는 것으로 보이는 폭력성이 큰 역할을 했습니다. 인간은 큰 지혜를 갖기 이전에는 태생상 폭력적일 수밖에 없습니다. 기본적으로 자신과 남을 가르는 이원론적인 세계에 살고 있기 때문입니다. 따라서 '우리의식we-consciousness'을 갖게 되고, 그 결과 우리를 보존하려 하고, 더 나아가서는 우리를 팽창하려 합니다. 여기에는 예외가 없고 정지stop가 없습니다. 인간은 자신도 그 끝을 알 수 없는 보존의식과 팽창주의로 끊임없이 주위의 타인들, 혹은 그 집단들과 싸우게 되어 있습니다. 그러니까 전쟁은 아무리 막으려 해도 불가피하다는 것이지요. 이것은 굳이 말을 하지 않아도 인류 역사를 보면 쉽게 알 수 있습니다.

그런데 아시다시피 과거 사회에는 인류가 손에 들고 있는 무기나 도구가 시원치 않았기 때문에 자신이나 환경을 해하는 정도가 약했습니다. 그러나 지금은 핵 문제를 위시해서 우리 인류가 슬기롭게 풀어나가기가 아주 어려운 지경에 이르렀습니다. 특히나 우리 한국은 핵 문제에 관한 한 북한의 핵 때문에 '강 건너 불구경'을 하고 있을 상황이 아닙니다.

그런데 이 핵 문제와 UFO 연관해서 아주 재미있는 상황은, 흡사 외계인들이 지구의 핵을 주시하고 있다는 느낌을 받는다는 것입니다. 미국의 공군 조종사를 비롯해 핵과 관련된 사람들의 증언을 들어보면 그렇습니다. 그들의 증언에 따르면, 핵과 밀접하게 관계되어 있는 지역에 외계인들의 출몰이 잦다고 합니다. 심지어 어떤 경우에는 외계인들이 핵무기의 스위치를 내려 무력화했다는 증언도 나오는데, 그것이 사실이라면 외계인들이 인간의 핵 처리 능력에 대해 의구심을 갖고 있는 것이 틀림없습니다. 객담이고 농담입니다만, 이 주장이 사실이라면 북한의 핵도 그다지 걱정할 필요가 없을 것 같습니다. 북한의 위정자들이 잘못 판단해 핵을 사용하려 하더라도 외계인들이 막아주지 않을까, 막연하면서도 근거 없는 기대를 하게 되는 것이죠. (웃음)

지영해 핵심적인 부분에서 최 교수님과 의견을 같이합니다. 20세기 들어서 빈번히 인간에게 나타나는 이유는 인류의 존재를 끝장낼 수 있는 두 가지 위협, 즉 핵전쟁의 위험성과 지구환경 파괴 문제가 발생했기 때문입니다. 외계인이 인간의 핵 문제와 환경 문제에 지대한 관심을 갖고 있다는 증거는 이미 최 교수님이 말씀한 바와 같습니다. 핵무기 발사 통제 시스템 무력화는 1967년 3월 16일 미국 몬태나주의 맘스트롬Malmstrom 공군기지에서 있었던 일이지요.● 1980년 12월 27~29일 3일간 영국 서포크주 랜들섬 숲Rendlesham Forest에서 발생한 UFO 조우 사건★도 같은 맥락에서 이해할 수 있습니다. 후자의 경우 UFO가 착륙한 우드브리지-벤트워터Woodbridge-Bentwarter 공군기지는 냉전이 극에 달했던 당시 구소련을 목표로 핵미사일이 배치되어 있던 곳으로 알려졌기 때문입니다.

핵무기는 2차대전 종료 직전 개발되어 1945년 8월 히로시마와 나가사키에 실제로 사용되었습니다. 그리고 구소련과 미국 사

● 미국의 전 공군 대위 로버트 살라스(Robert Salas)의 증언에 의하면, 1967년 3월에 몬태나주 맘스트롬 공군기지의 핵미사일 격납고 상공에 지름 약 9미터의 붉게 빛나는 UFO가 날아왔다고 한다. 그때 돌연 10기의 대륙간핵탄도미사일이 발사 불능 상태가 되었다는 것이다. 당시 이 사건을 외부에 유출하지 말라는 상부 명령이 있었다고 한다. Ex-Air Force Personnel: UFOs Deactivated Nukes, CBS News, September 28, 2010 참조. http://www.cbsnews.com/news/ex-air-force-personnel-ufos-deactivated-nukes/

★ 1980년 12월 27~29일 영국에 소재한 미 전략 핵시설이 있는 우드브리지 공군기지 인근 랜들섬 숲에 두 차례에 걸쳐 UFO가 착륙해 비상사태가 벌어졌다. 최초 사건은 27일 새벽, 영국 노포크의 레이더 기지에서 UFO가 랜들섬으로 추락하는 것이 포착되면서 시작되었다. 마침 우드브리지 공군기지 인근을 순찰하던 헌병 두 명도 기지의 동쪽 숲에서 강한 섬광이 비치는 것을 목격, 곧바로 세 명의 수색조가 조사에 나섰다. 현장에 도착했을 때 그들은 금속으로 만들어진 듯한 높이 2미터가량의 이상한 원뿔형 물체가 착륙해 있는 것을 목격했다. 주변의 공기가 정전기를 띠는 것 같았고, 피부에 짜릿한 느낌이 있었다. 같은 시각 인근 농장의 동물들은 미친 듯이 날뛰다가 갑자기 조용해지는 등 이상행동을 반복했다. 당시 우드브리지 기지 부사령관이었던 찰스 할트 중령의 보고서는 UFO 착륙 지점에서 깊이 4센티미터, 폭 15센티미터 정도의 착륙 자국 세 개가 발견되었고 거기서 정상치보다 25배 정도 높은 방사능 수

이의 냉전을 거쳐 현재 전세계에는 인류를 몇 번이나 멸종시키고도 남을 만큼 어마어마한 핵무기가 비축되어 있습니다. 물론 1920~1930년대에도 전세계에서 UFO가 목격된 기록이 더러 있지만, 본격적으로 목격되기 시작한 것은 1945년 핵무기가 처음으로 사용되고 이후 대량 생산, 비축되기 시작한 때와 맞물립니다. 따라서 이 양자 사이의 관계는 떼려야 뗄 수 없는 관계라고 할 수 있습니다.

환경 문제는 사실 핵무기보다 더 심각합니다. 환경 문제 중에서도 특히 대기 중 탄소 배출로 인한 지구온난화는 무서운 결과를 초래할 수 있습니다. 핵전쟁이 일어나면 그래도 몇백 몇천 명은 살아남을 가능성이 있지만 지구온난화의 경우에는 한 사람도

치가 검출되었다고 기록하고 있다. 12월 29일 밤 할트 중령은 UFO가 또 출현했다는 긴급보고를 받았다. 이번에는 직접 수색대를 조직해 수색에 나선 그는 태양 같은 물체가 랜들섬 숲에서 빛을 발하는 것을 목격했다. 가까이 가보니 UFO가 움직이면서 단속적으로 발광하고 있었다. 그들은 약 140미터까지 접근했으며, 작열하는 빛에 공포를 느꼈다. 그 물체에서는 반짝이는 쇳물 방울 같은 것들이 솟아나고 있었다. 잠시 후 그 물체는 소리없이 폭발하더니 다섯 개의 하얀 물체로 쪼개졌고 곧 시야에서 사라져버렸다. 그리고 얼마 후 하늘에서 세 개의 별 같은 UFO가 관측됐다. 그 물체들은 급한 예각 회전을 하면서 무엇인가를 찾는 듯 매우 빠른 속도로 움직이고 있었다. 그것들은 각각 빨간색, 녹색, 청색 빛을 발했으며, 처음에는 타원형이었다가 점점 구체로 모양이 바뀌었다. 물체들은 대열을 이루어 이동했는데, 그중 하나가 지면에 깔때기 형태의 빛을 비추는 것을 할트 중령이 목격했다. 그가 이 물체들이 레이더상에 나타나는지 확인하려고 무전기를 열었을 때 공군기지 본부에서도 깔때기 형태의 빛을 비추는 물체를 발견했다는 말을 들었다. 물체들은 두 시간 정도 공군의 핵무기 저장고 근처 상공에 머물렀다. 당시 긴박했던 상황은 할트 중령의 현장 녹음에 의해 생생한 증거로 남아 있다. 맹성렬, "UFO 추락 …… 이틀 뒤 또 나타났다" 영국 랜들섬 목격자 할트 중령 문서 공개 …… 현장 목격 헌병 한 명 "외계인 봤다" 주장, 《주간동아》, 2003년 1월 23일(369호), pp. 54–55.

남김없이 인류가 멸절할 수 있기 때문이지요. 그런데 대기 중 탄소 배출량이 급격히 증가하기 시작한 것이 바로 1950년 전후였습니다. 2007년 IPCC, 즉 기후변화정부간위원회의 4차 기후변화 보고서를 한번 보시죠. 지난 1만 년간 대기 중 탄소 배출량이 거의 수평 상태를 유지하다가, 산업혁명이 시작된 1750년경, 그러니까 약 250년 전부터 수직 상태로 치솟는 것을 볼 수 있습니다. 이것을 확대해서 지난 250년간을 더 자세히 보면, 1750년부터 1900년 정도까지 빠르게 증가하다가 더 급격히 상승하기 시작한 것이 20세기 중반부터임을 알 수 있습니다. 누구라도 이 도표를 본다면 20세기 중반부터 탄소 배출량에 따른 지구온난화가 돌이킬 수 없는 길로 들어섰구나 하는 것을 금방 알 수 있습니다.

지구온난화의 주범인 대기 중 탄소 배출도 바로 UFO가 대량으로 목격되기 시작한 1950년대부터 심각해지기 시작했다는 사실은, 핵무기와 마찬가지로 이 양자 사이에도 필연적인 관계가 있다는 것을 의미합니다. 즉, 인류는 핵전쟁의 재앙에 직면하면서 동시에 온난화로 인한 지구 생태계 몰락의 역사적 시점에 와 있고, 외계인들은 이를 정확하게 인지하고 있다는 것입니다.

외계인들이 핵과 환경 문제를 심각하게 취급하고 있다는 증거는 피랍자들의 경험에서도 나타납니다. 많은 피랍자들이 보고하는 것인데요, 피랍되어 있는 동안 외계인들이 모니터나 스크린같이 생긴 것 위에 어떤 아름다운 자연환경을 보여준답니다. 푸른 초원도 보이고, 강물도 흐르고, 꽃도 피고, 거기서 피크닉을 하는 가족들의 모습도 보이고요. 그러다 영상이 바뀌면서 화재나 전쟁으로 초토화된 듯한 모습이 보인다고 합니다. 꽃과 푸른 초원은 온데간데없이 나무와 숲은 시꺼멓게 그을려 쓰러져 있고, 건물은 다 파괴되었고, 인간들의 시체가 여기저기 굴러다니고, 살아남은 몇 사람은 실성한 듯이 울부짖으며 이리저리 어슬렁거리는 그런 모습이죠. 구체적으로 어떤 상황인지는 몰라도, 하여튼 모든 것이 파괴되어 생명이 살아남을 수 없는 상황을 보여준다는 겁니다.

이런 영상을 보여주는 이유에 대해 두 가지 해석을 내릴 수 있습니다. 첫 번째 가능성은 지구에서 현재 벌어지고 있는 또는 가까운 미래에 벌어질 수 있는 재난 상황을 보여주고 있다는 겁니다. 인간들도 통계를 이용해 가까운 시일 내에 벌어질 일들을 예측하기도 하는데, 월등히 앞선 문명을 갖고 있는 외계인들에게는 더욱더 그런 능력이 있겠지요. 문제는 만일 재난 상황을 묘사하는 것이라면, 그것이 핵전쟁 직후의 상황인지, 무슨 운석이 지구를 강타한 상황인지, 생태계 파괴의 중장기적 결과를 상징적으로 보여주는 것인지, 아니면 이 셋 중 두 가지 혹은 다인지 확실치 않다는 것입니다.

두 번째 가능성은 이 파괴된 지구의 모습은 인간의 심리 연구를 위해 보여주는 소재 이미지일 뿐이라는 것입니다. 외계인의 관심은 이런 범세계적 재난에 직면할 때 인간의 심리가 어떻게 변화하고 어떻게 반응하는지를 연구하기 위한 것이라는 얘기죠. 피랍자들에게 이때 외계인들은 무엇을 하고 있느냐고 물으면, 몇

몇 피랍자들은 자신들이 이런 이미지를 보고 있는 것을 외계인들은 가만히 서서 지켜보고 있었다고 보고합니다. 이런 것으로 봐서 아주 일리가 없는 이야기는 아닙니다.

저는 둘 다일 거라고 봅니다. 우선 재난의 이미지는 핵과 환경파괴의 결과를 직접적으로 또 상징적으로 보여주는 것일 가능성이 큽니다. 일종의 경고에 가까운 것이죠. 그러면서도 인간의 반응을 보면서 현재 이런 문제에 대한 인간의 의식이 어느 수준에 와 있는가, 또 이런 재난이 앞으로 닥쳤을 때, 이들이 어떻게 반응할 것인가를 미리 점검해두는 의미도 동시에 있겠지요. 어쨌든 이들은 인류가 지구적 재난에 직면할 가능성을 교육적인 차원에서 미리 보여주고 있는 거라고 생각합니다.

한 가지 이와 관련된 UFO 목격 사건을 소개해보지요. 1994년 9월 16일 짐바브웨의 루와Ruwa라는 마을에 있는 아리엘초등학교Ariel Primary School 근처에 UFO가 내렸습니다. 마침 교사들이 회의하는 시간이었는데, 운동장에서 뛰어놀던 62명의 초등학생이 두 명의 외계인이 UFO에서 나와 움직이는 것을 근거리에서 목격했습니다. 물론 모두 놀라 선생님들에게 뛰어가 소리를 치는 등 일련의 소란이 있었지요. 이 사건에서 저 나름대로 제일 중요하다고 생각하는 대목이 하나 있습니다. 나중에 존 맥이 인터뷰를 했을 때 열 살 남짓한 한 여학생이 그중 한 외계인으로부터 텔레파시로 메시지를 받은 듯한 생각이 든다고 말한 것입니다. 즉, 곧 지구에는 나무들이 다 없어져서, 사람들이 숨 쉴 공기가 없어지고 인류 문명은 곧 끝에 다다르게 된다는 말이었습니다. 물론 이 여자아이가 실제로 그런 메시지를 받아서 얘기한 것인지, 아니면 혼자의 상상이었는지 확인할 길은 없습니다. 하지만 이 아이의 경우도 수없이 많은 다른 피랍자들의 경험과 비슷한 것이 있어요. 동일하게 지구 생태계의 몰락과 그에 따른 인류 문명의 종말을 시사하고 있다는 점이죠. 그리고 저는 개인적으로 어린 피랍자들의 말을 더 믿는 경향이 있습니다. 이들은 UFO건, 외계인 피랍 문제건, 생태계 문제건 상상으로 이런 스토리를 일부러 만들어내거나 거짓말을 할 가능성이 상대적으로 적기 때문이죠. 하여튼 아리엘초등학교 사건에서도 볼 수 있듯이, 외계인들의 출현에는 자주 지구의 운명과 생태계 변화에 관련된 메시지가 따라다닙니다.

최준식 이 초등학교에서 벌어진 사건은 저도 접한 적이 있습니다. 유튜브에 이 어린 학생들을 면담한 영상이 있더라고요. 그때 참으로 좋은 시대에 살고 있구나 했어요. 이런 영상을 생생하게 볼 수 있으니 말입니다. 이전 같으면 이런 걸 어떻게 접할 수 있겠습니까? 이 영상 말고도 유튜브에는 UFO 관련 영상이 정말 많더군요. 유튜브 덕에 생생한 공부를 많이 하고 있습니다. 이런 세상에 태어나서 좋기는 한데, 닥쳐오는 위기를 생각하면 우리 인류가 여기서 끝나는 건가 하는 생각에 침울해지는 것은 어쩔 수가 없습니다.

각설하고, 이 초등학교 사건의 영상을 보니 학생들을 일일이

다 면담하더군요. 자그마치 62명의 학생이 두 개의 우주선을 보았고 두 명의 외계인을 목격했습니다. 말씀한 존 맥 교수가 직접 면담하는 영상도 있는데, 그들이 외계인을 보고 그 생김새에 대해 말하는 게 다 일치하더군요. 우주선과 외계인의 모습을 그림으로 그리게도 했는데, 우리가 늘 이야기하던 것과 다름이 없었습니다. 접시형 우주선에 눈이 크고 찢어진 외계인들의 모습 그대로였습니다. 그 학생들의 이야기를 종합해보면, 그들은 헛것을 본 것이 아니라 분명히 생생한 정신에 실제로 본 것이 틀림없었습니다. 하기야 어떻게 62명이나 되는 학생들이 모두 환상을 봤겠어요? 게다가 이 아이들은 이 체험 후에 몇 달을 고생했다고 합니다. 모두들 너무 무서웠다고 하는데, 특히 외계인의 눈이 무서웠다고 하더군요. 또 생전 처음 그런 존재를 봐서 무서웠다는 이야기도 있고요.

이렇게 보면 외계인들이 왜 우리 앞에 직접 안 나서는지를 이해할 수도 있을 것 같습니다. 우리가 받을 충격이 어마어마할 터라, 외계인들이 스스로 자제하는 것이 아닌가 하는 생각이 듭니다. 그래서 인류가 준비될 때까지 기다리는 것 같습니다. 그런데 언제까지 기다려야 할지에 대해서는 잘 모르겠군요.

지영해 최 교수님은 외계인은 우리와는 분리된 영적 차원에 살지만 그만큼 자비로운 존재이기 때문에, 환경 파괴와 핵전쟁에 의한 자멸의 길을 걷고 있는 인간에게 도움의 손길을 주고자 온다고 하셨습니다. 교수님의 말씀 자체에는 일관성이 결여되거나 하는 점은 없습니다. 그러나 한 가지 약점이 있습니다. 외계인이 그렇게 자비로워서 인간 사회에서 비참한 일들이 벌어지는 데 대해 관심을 갖지 않을 수 없는 존재라면, 과거 인류가 수많은 재난과 전쟁으로 인해 수없이 죽어갈 때에도 외계인은 인간을 도울 방법을 찾기 위해 UFO를 타고 그들 머리 위로 왔다갔다 했어야 합니다. 하지만 그런 기록은 찾아볼 수 없습니다.

물론 교수님은 과거 인간이 치렀던 전쟁과 증오는 그 스케일에 있어서 현대와는 비교도 안 된다고 하셨지만, 당시 세계 인구를 보았을 때 그 규모나 잔인성은 지금보다 더하면 더했지, 못하지 않았습니다. 예를 들어, 로마제국이 그 존립 초기인 기원전 8세기부터 서기 4세기까지 치른 전쟁만 해도 일흔여섯 번입니다. 여기서 얼마나 많은 병사와 민간인들이 살상되었는지는 이루 헤아릴 수가 없지요. 하여튼 과거의 전쟁이 얼마만큼의 잔인성을 갖느냐는 주관적 판단의 요인이 많기 때문에 여기서 심도 있게 다루기는 힘들 것 같습니다. 다만 제 말씀은 외계인이 자비로움으로 개입하는 것이라면, 인간은 과거에도 그들의 관심을 끌기에 충분히 비참한 짓들을 수없이 했다는 것이죠. 하지만 그들은 그런 일들마다 번번이 개입하지 않았습니다.

최준식 그런데요, 그때는 아무리 전쟁이 처절했어도 인류가 절멸될 정도는 아니지 않았습니까? 그리고 인류가 그런 전쟁을 일으켜 고통을 받은 건 자업자득 아닙니까? 그래서 외계인들은 인류의 수준이 미개하고 성정이 잔악해서 스스로 전쟁을 일으킨 것이니 그 결과를 인류 너희들이 감내해라, 그랬던 것 아닐까요? 그렇지 않습니까, 우리가 어린아이들을 교육시킬 때에도 자신들이 저지른 일에 대해서는 책임을 지라고 하지 않습니까. 그래야 자율적이고 성숙한 어른이 될 수 있다고 생각하는 것이지요. 외계인들도 그런 것 아닐까요? 그러면서 인류가 진정으로 성숙되기를 기다리는 것 아닐까요?

그런데 인류 전체가 자멸할 상황에 다다르니까 외계인들이 나선 것이라는 이야기죠. 그렇지만 그들이 나서서 직접적으로 어떤 조치를 취하지는 않습니다. 대신 자꾸 인류를 깨우쳐서 이 문제를 스스로 풀게끔 간접적으로만 도와주고 있는 것 같습니다. 이를 통해 인류가 더 성숙할 수 있는 기회를 주면서 말이죠.

지영해 제 생각에는 외계인이 인간에게 나타나는 이유는, 인간을 특히 생각해주어서가 아니라, 인간 영역에서 벌어지는 일이 이제 그들의 영역에까지 영향을 미치기 시작했기 때문이라고 봅니다. 그들은 자비로운 존재일 수는 있겠지만, 그렇다고 해서 적극적으로 우리 영역에 개입하는 존재들은 아닌 것 같습니다. 인간사에 대한 불개입이 그들의 원칙인 것 같아요. 하지만 20세기 들어 핵전쟁 위험성과 생태계 파괴가 그들의 안녕과 이익마저도 위협하기 시작했습니다. 그들의 영역이 광역생명진화권의 일부로 우리의 영역과 맞닿아 있다면, 자연히 우리 쪽에서 벌어지는 생명환경의 파괴가 그들에게도 어떻게든 악영향을 미칠 수밖에 없겠지요. 이것은 광역생명진화권이 박테리아와 아메바, 플랑크

톤, 나무, 벌, 새, 물고기, 지렁이, 개 등 모든 동물과 식물, 그리고 인간과 외계인을 포함해서 모든 생명체가 같이 사용하는 영역이기 때문입니다. 물론 각 동물과 식물, 인간들은 이 영역을 자기가 주인이 되어 자기만의 이익을 위해 우선적으로 사용해야 한다고 생각하겠지요. 그것은 각 종들이 종들 간의 관계가 얼마나 상호의존적이며, 광역생명진화권이 얼마나 밀접하게 공동 생명 현상의 장으로 사용되는지 모르기 때문입니다. 모든 생명은 다른 생명을 파괴하지 않음으로써 이 생명진화권에서 균형을 이루며 살아가는 것인데, 인간은 스스로뿐만이 아니라 다른 생명체도 죽이면서 이 균형을 파괴하기 시작한 것이죠. 이제는 더 나아가 핵과 환경오염으로 이 생명진화권의 시스템 자체를 괴멸시키는 단계에 직면했습니다.

예를 들어 설명하죠. 바닷속에서 어떤 그룹의 물고기들이 유독 발달된 기술을 갖고 있다고 가정해보죠. 그런데 이들은 바다 세계 전체를 자기들의 제국으로 만들기 위해 다른 그룹의 물고기들을 절멸시킬 방안을 강구하고 있습니다. 예를 들어, 바다 전체에 치명적인 독을 풀기 시작했다거나, 경쟁자들을 멸종시키기 위해 바닷물을 전부 증발시키는 기술을 개발했다고 가정해봅시다. 물론 자살행위지요. 그런데 바닷속에서 이런 상황이 발생하는 것은 인간에게도 치명적입니다. 그들은 인간이 얼마나 바다를 광범위하게 사용하고 있으며, 인간의 생명 현상이 얼마나 바다에 의존하고 있는지 몰라요. 우리가 바다를 통해 여행을 하고, 우리의

양식이 바다에서 나오고, 우리가 해변에서 휴가를 즐기며, 우리가 절대적으로 의존하는 온화한 기후가 얼마나 바닷물의 온도와 기후 조절 기능을 통해 유지되고 있는지 알지 못하죠. 이런 일이 발생한다면 인간은 심각하게 바다에서 벌어지는 일, 특히 물고기들이 하는 짓과 각 물고기 그룹 간의 관계에 관심을 갖지 않을 수 없을 겁니다. 우리는 바닷속으로 들어가서 수시로 물고기들의 행태를 관찰하고, 필요하면 심지어 그들을 잡아다가 그들의 의도와 능력, 관심사를 연구함으로써 광역생명진화권을 보호하고 유지하기 위해 최선의 노력을 다할 것입니다.

이것이 바로 외계인들이 직면한 문제이기도 합니다. 인간의 의도와 능력을 관찰하고 연구함으로써, 그들의 존재 공간을 위협하는 요소가 무엇인지 알아내려 할 것이며, 그들의 지식과 기술을 동원해 이 문제를 해결하려 하겠죠. 이것은 인간의 문제가 바로 그들 자신의 문제이기도 하기 때문입니다. 물론 이 말은 그들의 영역에서 폭력적이거나 파괴적인 사태가 발생하면 거꾸로 그 해악이 우리의 영역으로 쏟아져내려온다는 의미도 됩니다. 그들이 우리에게 의존하는 것뿐만이 아니고, 우리도 그들 영역의 평화와 번영에 직접적으로 의존해 있습니다.

달라이 라마가 1992년 존 맥과의 인터뷰에서 UFO의 출현 이유에 대해 말한 것이 있습니다. 그는 인간이 지구에서 하는 일 때문에 외계인들이 심각한 영향을 받기 시작했을 거라고 추측합니다. 자기들의 '집home'이 인간 문명에 의해 파괴되어가기 때문에 외계인들이 인간의 의식을 일깨워 문명의 오류를 시정하고자 하는 것이라는 얘기지요.● 달라이 라마의 말에서 그들의 '집'이 어디며, 만일 지구가 그들의 '집'이라면 어떤 의미에서 그런지 해석의 여지가 많은 것도 사실입니다. 하지만 달라이 라마는 크게는 제가 여기서 말씀드리는 것과 동일한 이야기를 하고 있다고 생각합니다. 우리는 광역생명진화권의 일부인 지구를 우리의 것으로 생각하고 마음껏 쓰고 변형시키고 파괴하지만, 외계인들에게도 지구를 포함해 광역생명진화권은 절대로 파괴되어서는 안 되는 그런 영역이겠지요. 그런데 우리가 20세기 들어, 특히 20세기 중반에 그들의 생명공간을 근저로부터 위협하기 시작한 겁니다. 생명공간의 파괴 위험이 인간의 문제이기에 앞서 그들 자신의 문제로 심각하게 부상했다는 이야기입니다.

QUESTION **우리 인류의 상황이 그렇게 심각한가요? 인류 문명은 외계인이 개입해야 할 정도로 그토록 가망이 없는 것인가요?**

지영해 제 눈에는 정말 가망이 없어 보입니다. 국가가 국가를 대적해 일어나 싸우고 쓰러지는 모양은 몇천 년 전이나 2015년 현재나 크게 다를 바가 없어요. 국가끼리 싸운다고 하니 그저 추상적으로 들리겠지만, 실제로는 수많은 귀한 젊은이들이 피를 흘리

● Betsey Lewis, *Angels, Aliens and Prophecy*, Author House, 2012, p.256

고, 그 와중에 여성들과 아이들, 노인들의 삶도 찢어질 대로 찢어지죠. 이 패턴에는 하등 변화가 없습니다. 오히려 살상무기의 발달로 더 잔인하게, 더 '효과적'으로 살인이 이루어지고 있지요. 비행기나 다이너마이트, 히로시마에 떨어진 핵무기의 경우만 봐도 알 수 있듯이, 인간이 무언가 혁신적인 과학기술적 발견을 하면, 그것은 즉시 그리고 가장 광범위하게, 가장 그럴싸한 구실 아래 파괴적인 무기 개발에 사용됩니다. 거꾸로 가장 광범위하게, 가장 좋은 구실로 경제 발전과 생태계 보호, 인류의 복지를 위해 사용되었을 수도 있었을 텐데 말이죠.

UFO를 놓고 각국 정부가 연구하는 이유를 보세요. 자국의 군사력 증강에 기술적인 도움이 될 게 뭐 없을까 하고 전부들 망치와 스패너를 들고 달려들고 있습니다. UFO와 외계인의 출몰 문제를 '인류 전체'의 운명과 결부된 사건으로 보지 않습니다. 이것은 마치 호화 유람선상의 수영장에서 수영대회가 열리고 있는데 거기서 각자 1등 할 생각만 하는 것과 같습니다. 유람선 자체가 침몰하고 있는 것은 '알아도 그만, 몰라도 그만'인 식입니다. 협심해서 침몰하고 있는 유람선을 고쳐야지, 거기서 1등 하고 금상 트로피 받아야 무슨 의미가 있습니까?

최준식 저도 이 문제에 관한 한 지 교수님과 같은 의견입니다. 저 역시 인류의 미래에 대해서는 아주 비관적인 견해를 갖고 있습니다. 무엇보다도 인류는 욕심이 너무 많습니다. 그리고 너무나 파괴적입니다. 미숙하기 짝이 없습니다. 지혜도 태부족합니다.

혹자는 이렇게 물을 수도 있겠습니다. 만일 정말로 그렇게 생각한다면 어떻게 가만히 있을 수 있느냐고요. 인류의 미래를 위해 무언가 해야 되는 것 아닌가 하고 말입니다. 제가 아무 일도 않고 그냥 가만히 있는 것은 물론 아니지만, 그렇다고 앞장서서 일을 벌이지도 않습니다. 제가 이렇게 환경 운동에 소극적인 데는 이유가 있습니다. 가장 큰 이유는 어차피 이미 늦었다고 생각하기 때문입니다. 지금 인류가 무슨 일을 한들 인류의 멸망을 막을 수 있는 방법은 없다는 생각이지요. 물론 지금 인류가 대각성을 하면 살아남을 가능성은 충분히 있습니다. 아니 충분한 정도가 아니라, 인류가 생활에 대전환을 가하면 인류는 확실하게 살아남을 수 있습니다. 그러나 이번 인류가 그렇게 참회를 하고 자신의 생활양식을 완전히 뜯어고칠 것 같지는 않습니다.

지금 인류는, 특히 잘사는 나라의 국민들은 소비 수준을 현저하게 떨어뜨려야 합니다. 그런데 과연 미국이나 유럽 국가의 국민들이 그런 일을 감내할까요? 기후협약 맺는 데도 이 나라들은 소극적이거나 아예 무시하고 있습니다. 상황이 이렇다면 환경 문제는 날 샌 것이라고 할 수 있습니다. 이처럼 인류가 생활양식을 완전히 바꾸지 않고 지금처럼 조금씩만 개선하는 선에서 만족한다면 환경 문제는 결코 해결하지 못할 겁니다. 이 환경 문제는 근본적인 경제 구조를 바꿔야만 해결할 수 있는데, 그게 가능할까요? 생산을 줄여서 지구의 환경을 좀먹는 쓸데없는 물건들을 만들지 말아야 하는데, 과연 기업들이 말을 들을까요? 기업들은 투자한 것이 아까워서 그 비용을 건지기 위해 공장을 더 돌릴 테니 이런 쓸모없는 생산과 소비의 악순환은 계속될 겁니다. 지금처럼 하면, 우리가 무슨 일을 한들 대파국의 시간을 조금 늦출 뿐 근본적인 해결은 없습니다.

지금 인류가 처한 상황을 두고, 원불교를 세운 박중빈 선생은 이렇게 비유했습니다. 마치 어린아이가 칼을 들고 있는 것 같다고요. 어린아이는 아무것도 모릅니다. 미숙하기 짝이 없습니다. 그런데 칼을 들고 있으니 얼마나 위험합니까? 아이가 아니라 어른이 들고 있다면 그 칼을 유용하게 쓸 수 있겠지만, 잘못하면 아이는 칼로 자신에게 상처를 낼 수도 있습니다. 원불교의 표어 가운데 '물질이 개벽되니 정신을 개벽하자'는 말이 있습니다. 인류가 새로운 세상을 맞이해 찬란한 과학기술 문명을 발전시켰는데, 정신은 그에 버금가게 발전하지 못했으니 정신의 수준을 올리자는 것입니다. 지금 환경 문제에 봉착한 인류가 바로 그 꼴입니다. 손에 든 기술은 지구를 말아먹기에 충분한데, 정신 수준은 바닥입니다. 그런데 그 정신은 급속도로 성숙시킬 수 없습니다. 그래서 해결책이 안 보이는 것입니다.

박중빈 선생은 이런 이야기도 했습니다. 여름 장마철에 비가 많이 와서 작은 웅덩이에 물이 고였습니다. 그랬더니 개구리들이 몰려와 올챙이들이 생겨났고, 이 올챙이들이 그 웅덩이에서 살기 시작했습니다. 그러나 웅덩이의 물은 곧 마르겠지요. 그러면 이 올챙이들은 서식처를 잃게 됩니다. 며칠 뒤에 자신이 살고 있는 환경이 사라진다는 것도 모르는 채 올챙이는 살고 있는 것입니다. 저는 우리 인류가 지금 이런 상황에 있지 않나 싶습니다. 이 세상이 영원히 계속될 거라고 생각하지만 사실은 얼마 남지 않았다는 것이지요. 그렇다고 몇십 년 내로 종말이 온다는 것은 아닙니다. 우리가 살아 있을 때까지는 그냥 굴러가겠지요. 그래서 제가 크게 걱정하지 않는 것인지도 모릅니다. (웃음)

지영해 지금 자본주의적 생산·소비 양태와 그로 인해 발생하는 환경 문제에 대해 아주 비관적인 전망을 솔직하게 말씀해주셨습니다. 저도 큰 틀에서 비슷하게 비관하고 있습니다. 온난화와 관련해 지금 인류는 시간과의 전쟁을 하고 있습니다. 현재 각종 국제기후협약의 기본 목표는 1750년 대비 상승 대기온도를 2도 이내로 억제하는 것입니다. 이것을 대기 중 지구온난화의 주범인 이산화탄소 농도로 환산해 보면 450피피엠•을 넘지 않는 수준입니다.

그런데 우리에게는 시간이 정말 얼마 안 남았습니다. 산업화시대 이전, 즉 1750년 이전 수치가 280피피엠이었고, 2014년 11월 15일 현재 co2now.org에서 확인된 2014년 10월 세계 평균 수치가 395.93피피엠*입니다. 현재까지 매년 약 2피피엠씩 증가하고

• 피피엠(ppm=parts per million)은 공기 분자 100만 개 중 문제의 가스 분자 수를 나타낸다. 예를 들어 550피피엠이라 하면 대기를 구성하는 분자 100만 개 중 550개가 이산화탄소 분자라는 뜻이다.

있으므로, 전세계가 모든 노력을 기울여서 이 수준을 유지한다고 해도 앞으로 27년밖에 남지 않았습니다. 앞으로 약 30년 이내에 모든 국가가 국제협약에 따라 모든 경제적 · 사회적 · 정치적 비용을 감수하고 탄소 배출을 줄여나갈 수 있을까요?

저로서는 30년 안에 국제 사회가 그렇게 혁신적으로 협력할 것이라고는 생각되지 않습니다. 그런데 더 무서운 복병이 숨어 있습니다. 바로 알래스카와 시베리아에 깔려 있는 방대한 동토permafrost입니다. 북극 가까이 오랫동안 얼어 있는 땅 말입니다. 이곳은 수만 년간 여름에 식물이 자라고 겨울이 오기 전 다시 썩어서 유기물질과 진흙이 섞여 있는 광대한 땅입니다. 깊이 수십 미터씩 얼어 있는 이 동토에는 다량의 고농도 메탄이 갇혀 있습니다. 대기온도 상승으로 이 동토가 녹으면 질펀한 젤 상태의 늪이 되는데, 여기서 메탄가스가 다량 대기 중으로 방출됩니다. 메탄은 이산화탄소의 23배에 달하는 열 함유 능력을 갖고 있어요. 한 마디로 한 번 녹아서 메탄이 방출되면 산업시설이나 자동차에서 나오는 이산화탄소와는 비교도 안 될 정도로 빨리 대기온도를 높입니다.

동토가 무서운 것은, 다만 이산화탄소에 비해 대기온도를 더 급격히 올린다는 것뿐만이 아닙니다. 메탄이 한 번 대기 중으로

★ 대기 중 이산화탄소 농도가 최초로 400피피엠 고지를 넘은 것은 2013년 5월이다. 2015년 5월 현재 수치는 403.70피피엠이다.

방출되어 대기온도를 높이면, 그 올라간 대기온도는 거꾸로 동토를 더 깊이까지 녹여 더 많은 메탄가스를 대기로 방출시킵니다. 당연히 대기로 방출된 메탄가스는 대기온도를 높이고 다시 동토를 녹이는 일에 참여하는 것이죠. 한 번 이 상호작용이 시작되면, 인간은 그 악순환의 고리를 끊을 방법이 없습니다. 그 어마어마한 동토에 녹지 말라고 얼음 담요라도 덮겠습니까? 앞에서 말씀드린 450피피엠 그리고 2도 임계치는 매년 대기 중 이산화탄소 농도가 2피피엠씩 늘어난다는, 그저 산술적인 계산에 의존한 것입니다. 그러나 동토가 녹기 시작하면, 대기온도는 산술적인 증가가 아니라 기하급수적으로 증가하게 됩니다. 문제는 과학자들이 2001년 즈음부터 이 동토가 녹기 시작한 사실을 발견한 것입니다. 특히 서시베리아 지역은 전세계 평균에 비해 온난화가 더 빨리 진행되고 있어서, 지난 40년간 3도, 즉 10년에 0.75도가 상승했습니다. 같은 기간 지구 평균 대기온도 상승률은 10년에 0.2도였으니까, 3.75배나 빨리 상승하고 있는 것입니다.

더욱더 우려할 만한 사실은 이제까지 IPCC 보고서에서 이 문제를 심각하게 다루고 있지 않다는 것입니다. 2007년 4차 보고서가 나왔을 때, 저는 이 문제가 누락된 것을 보고도 희망을 잃지 않았습니다. 다음 보고서에는 반드시 그 심각성을 다룰 것이라는 기대가 있었죠. 2013년 9월 27일 제5차 IPCC 보고서가 나왔을 때, 제가 제일 먼저 찾아본 것이 이 동토 문제였습니다. 그런데 거기에서도 다루어지지 않았습니다. 그야말로 경악을 금치 못할 상황입니다. IPCC 보고서에 누락되면, 국가 간 지구온난화 관련 각종 국제협약에서도 이 문제를 심각하게 다루지 않을 것은 말할 필요도 없습니다.

물론 IPCC에서 왜 누락시켰는지는 이해가 됩니다. 많은 기후 과학자들이 얘기해온 것이지만, 동토 문제는 지구온난화 현상을 종말론적인 시각에서 바라볼 수밖에 없게 만듭니다. 이건 각국 간 국제협약에서 쉽게 수용할 수 없는 주제지요. 하지만 위기가 아무리 크다고 해도 타조처럼 머리를 모래 속에 파묻고 '문제 해결했음'이라고 소리칠 수는 없습니다. 만일 동토의 메탄이 시베리아와 알래스카 전역에서 대기로 피어오른다고 할 때 그 결과는 상상조차 하기 싫을 정도입니다. 순간적인 기온 상승은 지구상의 고등 동물들을 멸종시킬 것이며, 그와 함께 인간과 인간의 문명도 견디지 못하고 순식간에 무너질 것입니다.

최준식 동토와 메탄가스 방출 문제는 처음 듣는 이야기입니다. 지 교수님 말씀을 들어보면 이것은 대단히 심각한 문제인데, 어느 국가에서도 문제제기를 하지 않고 있으니 이상한 일이군요. 문제가 너무 심각해 사람들이 아예 외면하고 있는지도 모르겠습니다.

QUESTION **그래도 최근 국제협약 등에서 지구온난화와 관련해 각국 간의 협력이 더 확대되지 않았습니까? 결국 세계 지도자들이 문제의 심각성을 이해하고 모종의 정책을 공동으로 추구할 것 같은데요. 우리나라에서도 쓰레기 종량제 등 환경 보호와 관련해 범국가적으로 노력을 기울이고 있지 않습니까?**

지영해 최근에 각국 간의 협력이 더 확대되었다고요? 물론 각국 사이에 환경 문제에 대한 의식이 깊어진 것은 사실입니다. 하지만 국제회의 같은 곳에서 협력이 더 확대되었다고는 말할 수 없습니다. 사실 지금까지의 기후변화 관련 국제기구에서 보여준 각국의 행태는 점점 비관적인 전망만 하게 만듭니다. 1992년 유엔기후변화협약UNFCCC에 따라 이루어진 1997년 교토의정서The Kyoto Protocol의 이행 과정을 보면 많은 것을 배울 수 있지요. 가장 특이한 것은 미국이나 호주, 캐나다 등 온실가스 배출 주범국들이 의정서에 서명은 해놓고 비준을 안 했거나 중간에 탈퇴한 것입니다. 그 결과 교토의정서는 유럽연합과 일본, 러시아에 의한 의무 감축으로 구성된 반쪽짜리 국제협약이 되었고, 그로 인한 온실가스 감소량은 별 의미 없는 정도가 되어버렸습니다. 물론 중국은 최대 온실가스 생산국의 하나였지만 교토의정서 체제 내에서는 감소 의무를 지지 않도록 특별 배려를 받았지요. 조지 부시 전 미국 대통령이 중국을 지목하면서 공평하지 못하다고 이의를 제기했고, 이게 곧 미국 내 비준 거부로 나타났던 것입니다.

이제 공은 2015년 12월 프랑스 파리에서 열릴 유엔기후변화협약 당사국총회COP, the Conference of Parties로 넘어왔습니다. 여기서는 사상 최초로 모든 국가가 법적으로 일정량의 온실가스 감소 책임을 지도록 하는 협약을 만드는 것이 목표입니다. 그러나 현재 미국, 중국, 인도 등이 벌써부터 법적 의무를 동반하는 협약에는 서명하지 않을 것이라는 입장을 밝히고 있어서, 범세계적이며 보편적으로 실효성이 있는 국제협약은 가능성이 매우 희박한 상태입니다.

결국 여기에는 복잡한 정치·경제적인 문제가 있습니다. 온실가스 감소는 결과적으로 국내 경제적으로는 투자시설비 증가, 생산비용 증가, 수출경쟁력 약화, 연구개발의 축소에 이어 장기적으로는 경제 성장 둔화와 실업률 상승으로 이어집니다. 문제는 각국의 국민들이 이를 쉽게 받아들이겠느냐 하는 것이죠. 환경보호 혹은 지구온난화 저지 운동이라고 하면 너도나도 좋다고 하면서 참여합니다. 그러나 그것이 실제로 가계소득의 감소, 혹은 심지어 직장의 상실 등 피부에 와닿는 결과로 나타날 때는 대부분 뒷걸음치게 되지요. 그러니 정부의 환경 정책에 저항을 하는 것이 당연합니다. 여기에서 현대 정치 체제의 한계가 드러납니다. 하나는 민주주의의 문제이고, 또 하나는 국제관계의 기본 구조인 민족국가 체제의 문제입니다. 한 나라의 정부 정책에 대한 국민들의 통제가 크면 클수록, 즉 소위 말하는 민주적 참여가 깊으면 깊을수록, 한 국가 정부의 환경 정책은 심각한 저항에 부딪힐 가능성이 있습니다. 즉, 인류가 처한 심각한 환경 문제와 우리가 신념으로 받들고 추구하고자 하는 민주주의 체제 사이에는 비참할 정도의 괴리가 있는 것입니다.

여기에 현재의 민족국가 간 경쟁 체제로 이루어진 국제관계는 환경 문제 해결을 위한 국가 간 합의를 더욱더 불가능하게 만듭니다. 세계 정부가 아직 등장하지 않은 상황에서는 항상 국가 이

익이 인류 전체의 이익에 우선합니다. 이제 좀 잘살아보겠다고 일어나는 중국, 인도, 브라질, 인도네시아 같은 나라들에게 온실가스 배출을 줄이게끔 환경시설투자비를 늘리고 경제 성장을 늦추라고 하면 가만히 있을까요? 지금까지의 온실가스가 대부분 산업혁명 이후 서구 국가들의 굴뚝에서 나왔는데, 이제 와서 이런 국가들에게 제재를 가하면 따라오겠느냐는 말입니다. 그렇지 않으면 서구 국가들이 이들 후발 국가가 짊어질 비용을 분담해야 하는데, 자기들 경제도 코가 석 자라 정신이 없는 상황에서 세금을 더 거둬 후발 국가들의 복지와 경제 발전을 지원할 수 있을까요? 국민들이 가만히 있지 않을 겁니다. 최소한 민주주의 체제에서는 불가능한 일이지요.

이렇게 보면 애초에 환경 문제가 대두되게 된 데에는, 그리고 그 문제를 해결하지 못한 채 속수무책으로 세계가 벼랑으로 몰려가는 데에는 세 개의 낯익은 주범이 있습니다. 하나는 경제적 요인으로, 과생산·과소비를 지향하지 않으면 몰락하는 현재의 시장자본주의입니다. 둘째는 정치적 요인으로서, 민주주의 체제입니다. 정부가 개인의 이익을 우선시하지 않으면 선거를 통해 정부를 바꿔버리는 체제지요. 셋째는 국제관계적인 요인으로, 국가 이익을 우선시하고 국가 간 경쟁 체제 속에서 범국제적 기후협약을 불가능하게 만드는 민족국가 체제입니다. 우리가 그렇게 신봉해오던 시장자본주의 체제, 민주주의 체제, 그리고 민족국가 체제가 환경 문제의 시초이자, 계속되는 문제의 주범이라는 겁니다. 나아가 우리가 그렇게도 목숨을 바쳐 지켜오고 후세에게 물려주고자 했던 이 세 가지 가치가 인류 문명을 종말로 치닫게 만드는 주범이 되고 있는 것입니다.

최준식 지 교수님 말씀을 들으니까 한편으로는 후련한데 또 한편으로는 암울하기 짝이 없습니다. 후련한 건, 그동안 막연하게 생각했던 환경 문제의 궁극적인 원인을 확실하게 알았기 때문이지요. 저는 이 환경 문제가 인간의 한없는 욕망에서 비롯되었다는 단순한 생각을 갖고 있었는데, 그게 그렇게 간단한 문제가 아니라는 것을 지 교수님의 설명을 통해 알게 되었습니다. 물론 근본적으로는 인간의 탐욕이 가장 큰 문제지만, 현실에서는 시장자본주의 체제와 민주주의 체제, 민족국가 체제의 한계라는 구체적인 상황이 문제라는 분석은 실로 탁월합니다.

그리고 이 세 체제는 지금까지 우리가 목숨을 걸고서라도 지키려고 갖은 애를 써온 것인데, 그것이 바로 우리를 파국으로 몰아가고 있다는 분석 역시 뛰어납니다. 그런데 우리 인류는 이 세 체제를 버릴 수 없기 때문에 환경 문제의 해결은 물 건너간 것이라는 해석에 십분 동의하면서 동시에 아주 암울한 생각을 갖게 되었습니다. 우리를 지금까지 지켜온 가치관이 이제는 우리를 공멸로 가게끔 옥죄고 있다는 생각과 함께, 그 가치관이 바뀔 확률이 없다는 전망은 우리의 미래가 매우 비관적이라는 것을 보여줍니다. 그런데 더 큰 문제는, 이처럼 환경 문제를 심각하게 생각하는 사람이 너무 적다는 데에 있습니다. 우리 주위를 봐도 환경 문제를 내 문제처럼 생각하는 사람은 매우 드뭅니다. 대부분의 사람들은 아무 생각 없이 펑펑 소비하면서 살아가고 있습니다. 저는 항상 환경 문제는 거개의 인류가 그 심각성을 깨닫고 문제 해결을 위해 나서야 작은 실마리라도 보일 거라고 생각해왔습니다. 그런데 이때의 딜레마는 그런 상태가 되면 생태계가 완전히 절단나 어떤 방법으로도 회복할 수 없다는 것입니다. 부디 제 예측이 틀리기를 바랄 뿐입니다.

지영해 최 교수님도 굉장히 부정적인 전망을 하고 계신데, 과연 사람들의 의식을 대기 중 온실가스가 임계치에 다다르는 27년 이내에 바꿀 수 있을까요? 좀 더 단순화시켜 말하면, 앞으로 27년 내에 시장자본주의 체제, 민주주의 체제, 민족국가 체제를 대신할 완전히 혁신적인 정치 · 경제 체제를 마련할 수 있느냐는 것입니다. 서구에서 시장자본주의 체제와 민주주의 체제가 형성되어 현재에 이르기까지 약 600년이 걸렸습니다. 국가 체제가 형성되어 현재에 이르기까지도 300년 이상 걸렸지요. 이 체제들이 다른 체제들로 대체되는 데는 또 적어도 비슷한 시간이 걸릴 것입니다.

현재 급속도로 배출되고 있는 온실가스, 그리고 인류가 현재 유지하고 있는 경제 · 정치 · 국제관계 체제의 한계 등을 보면, 환경 문제와 관련해서 한마디로 해결책이 보이지 않습니다. 여기에 어마어마하게 비축되어 있는 핵무기와, 한반도를 비롯해 이곳저곳의 분쟁지역과 전쟁 상황을 더해보면 더 암울해집니다. 최근에 미국에서는 북한의 핵무기 문제를 해결하기 위해 북한에 선제 핵공격을 하는 방안이 토의된 적이 있다는 뉴스도 있었지요. 환경 문제 하나로도 벅찬데, 여기에 핵 문제까지 얽혀 있습니다.

현재 인류가 직면한 문제를 이와 같은 시각에서 진단해보면, 20세기 중반 들어서 UFO 출현이 잦아지고 외계인들이 지구 곳곳에 깊은 관심을 갖고 인간사에 개입하는 것은 당연하다고 생각됩니다. 우리의 눈에도 인류 문명이 가능성이 없어 보이면, 정보 처리 능력에 있어서 인간보다 월등히 뛰어난 그들의 눈에는 가능성이 없다는 것이 더욱더 확실하게 보일 테니까요.

최준식
×
지영해
×
×
×
×
×
×
×
×
×
×
×

take. 4

그들은 우리에게 어떻게 개입하여 무엇을 바꾸겠다는 것인가?

QUESTION **자, 외계인들이 우리 인류의 일에 간섭하고 있다는 사실을 받아들인다면, 그들이 과연 어떻게 관여하고 있을지 궁금합니다. 인류와 어떤 식으로 협업을 하는지 혹은 인류를 아예 다른 존재로 바꾸는 작업 같은 것도 포함되어 있는지 말이지요. 이에 대해서도 학자들 간에 의견이 나뉘는 것 같습니다. 두 교수님도 외계인들이 사용하는 방법에 대해서 의견이 조금 다른 것으로 알고 있습니다. 지금부터는 이 주제에 대해 말씀해주시지요.**

최준식 먼저 말씀드리고 싶은 것은, 이것은 철저히 가정이라는 것입니다. 저는 솔직히 말해 외계인들이 정말로 지구에 사는 인류를 돕기 위해 요즘 자주 출몰하는 것인지, 그것에 대해서는 잘 모릅니다. 그걸 증명할 방법이 없지 않습니까? 그러나 분명한 건, 그들이 요즘 자주 나타난다는 사실입니다. 다른 건 몰라도 이것만큼은 사실인 것 같습니다. 그런 상황을 염두에 두고 한번 가정을 해보는 것입니다. 지금의 상황을 어떻게 설명하면 가장 무리가 없을까 하는 생각으로 가정을 해보는 거지요.

단도직입적으로 말해 저는 이들이 지구인들의 삶에 직접적으로 관여하지는 않을 것 같습니다. 그러니까 자신들이 지구의 인류와 직접 교류하면서 우리에게 해결책을 제시할 것 같지 않다는 것이지요. 그 이유에 대해서는 조금 있다가 말씀드리겠습니다. 만일 그들이 직접 교류를 원했다면 벌써 했을 겁니다. 그게 몇십 년 전이 될 수도 있고 몇백 년 전이 될 수도 있었겠지요. 그런데 그들이 그동안 공식적으로 인류와 교류한 적은 한 번도 없었습니다. 이것은 그들이 인류의 일에 대해 간섭하지 않기로 결정했기 때문이라고 생각합니다. 그러면 그들은 어떻게 지구인들과 소통하려고 할까요? 제 생각에는 이 외계인들이 지구인 가운데 영성이 뛰어난 사람들과 교류를 해 지구의 열악한 상황을 바꾸려고 할 것 같습니다.

영성이 뛰어난 사람들을 꼽으라고 하면 여러 부류의 사람들이 떠오르는데요, 그중 하나가 근사(혹은 임사) 체험을 한 사람들입니다. 근사 체험에도 여러 단계가 있는데, 마지막 단계까지 겪은 사람이 영성이 뛰어난 사람으로 바뀝니다. 마지막 단계란 빛의 존재를 만나 그로부터 모든 지혜를 전수받고 아무 조건 없는 사랑을 경험하는 단계를 말합니다. 이런 경험을 한 사람은 극소수인데요, 이들은 세계 종교에서 말하는 가장 종교적인 인간이 됩니다. 가장 이상적인 인격을 이루었다는 의미에서 그렇다는 것이지요. 이들은 보편적인 사랑을 보여주고 사물이나 자연, 우주의 근본에 대해서 출중한 지혜를 갖게 됩니다. 그래서 이들은 이 체험 후 거의 성자에 가까워지죠.

그들은 이 체험 후 삶이 180도 바뀌어 완전히 딴사람이 됩니다. 이런 사람들에게는 여러 변화가 생기는데, 그중 하나가 지구의 환경 문제에 비상한 관심을 갖는다는 것입니다. 이들은 자연을 살아 있는 것으로 보기 때문에, 이 지구별이 공해로 시달리는 것을 참지 못하는 것입니다. 그런데 재미있는 것은, 이 체험을 한 사람들 가운데 UFO를 목격한 사람이 꽤 있다는 것입니다. 더 재미있는 것은, 그런 사람들 가운데 UFO 우주선에 피랍되는 체험을 한 사람이 있다는 것입니다.

저는 이에 대한 유력한 예를 일본의 유명한 저널리스트 다치바나가 쓴《임사 체험》이란 책에서 발견했습니다. 다치바나는 핀란드의 의사 킬데의 근사 체험을 자세히 소개하면서, 그의 UFO 피랍 체험까지 설명했습니다. 킬데는 자신의 근사 체험을 책으로 내 베스트셀러가 되면서 핀란드 안에서 상당히 저명한 사람이 되었다고 합니다. 여기까지는 다치바나가 받아들일 수 있는데, 피랍 체험을 이야기할 때는 그에 대한 믿음이 흔들렸다고 솔직하게 토로하더군요. 의사이기 때문에 나름대로 확실한 합리적인 소신을 갖고 있을 것으로 생각했는데, 이런 사람이 UFO 피랍 체험을 이야기하니 실망스러웠던 겁니다. 그런데 그것은 킬데도 마찬가지였습니다. 그도 이 체험을 하기 전에는 근사 체험이나 UFO에 대해서는 아무 관심도 없었는데, 체험을 한 뒤로는 자기도 관심을 갖게 되었다고 했답니다. 킬데에 의하면, UFO 우주선에 피랍되어 그곳에서 생체조직검사biopush를 당했다는 겁니다. 키가 1미터밖에 안 되는 외계인들이 자신을 검사했다고 하더군요. 이것은 전형적인 피랍 체험이라고 할 수 있습니다. 어떻게 검사를 당했느냐고 하니, 여성인 자신의 난소에서 난세포를 채취하더라는 거예요. 인간의 유전자를 분석해 유전공학적으로 변형을 가하기 위해서 말이죠.

그 이유에 대해 킬데는 이렇게 말하고 있습니다. 현재 이 지구에 사는 인류는 새로운 차원으로 진화해야 하는데, 현재의 상태는 너무나 문제가 많다는 거예요. 그 문제는 앞에서 우리가 본 대로입니다. 우리 인류를 한 차원 높은 곳으로 보내기 위해서 그 외계인들은 무엇인지는 모르지만 유전공학적인 모종의 조치를 할 생각이었던 모양입니다. 그런데 그 대상으로 아무나 고른 것이 아니라, 인류 중에 종교적으로 출중한 사람들을 골랐는데, 그들이 바로 근사 체험자라는 거예요. 이 근사 체험자들이 앞으로 인류가 새로운 차원으로 진입하는 데 선구자 역할을 한다는 겁니다.

이야기는 여기까지고, 구체적으로 어떻게 한다는 자세한 설명은 없었습니다. 그러니까 이 근사 체험자들이 앞으로 인류 사회에서 어떤 역할을 할 것인지, 아니면 도대체 어떻게 유전자 변형을 시켜서 사람을 바꾸겠다고 하는 것인지, 그런 구체적인 이야기가 없었다는 것이지요.

저는 이런 이야기에 의문이 많습니다. 이 무섭게 타락한 인류 사회에서 몇 안 되는 근사 체험자들이 과연 무슨 역할을 할 수 있는지에 대해서부터 의심스럽습니다. 지금 인류는 너무나 중차대한 단계에 와 있어, 인류가 살아남으려면 문명 패러다임 자체가 바뀌어야 하는 판국인데, 근사 체험을 한 몇 사람이 무엇을 어떻게 바꿀 수 있겠느냐는 것입니다. 그들이 상대해야 할 대상은 큰 국가들의 정부이고 세계를 주름잡는 대기업들입니다. 근사 체험자 몇 사람이 이들과 붙어서 과연 승리할 수 있을까요?

유전자 변형도 그렇습니다. 유전자 변형은 품종 개량을 할 때나 하는 것이지 마음의 상태나 정신의 수준을 바꾸는 데 쓸 수 있는 기술은 아니지 않습니까? 유전자를 바꾸면 공격적이던 인류의 품성이 평화적으로 바뀔까요? 또 사람을 미워만 하는 인간의 성정을 유전자를 변형함으로써 자비롭게 바꿀 수 있을까요? 이것은 정신과 물질을 혼동하는 데서 오는 착각 같습니다. 유전자 변형으로 인간의 가치 체계가 바뀐다는 것은 차원을 혼동한 결과로 생각됩니다.

그런데 근사 체험자들이 새로운 인류의 모범이 된다는 이야기는 다른 연구자들도 하고 있습니다. 그중 대표적인 사람이 미국의 케네스 링Kenneth Ring● 교수입니다. 링 교수는 근사 체험을 학

● 미국 코네티컷대학의 심리학 교수이며, 국제근사체험협회(International Association for Near-Death Studies, IANDS) 회장을 역임했다.

술적으로 연구한 최초의 학자로 이름이 높은데요. 그는 자신의 책《오메가 포인트를 향해Heading toward OMEGA》에서 같은 주장을 하고 있습니다. 여기서 오메가 포인트란 인류 진화의 정점을 말합니다. 모든 인류가 자신들이 갖고 있는 긍정적인 능력을 다 발휘해 자아실현을 완성하는 날이 오메가 포인트가 되는 것입니다. 사실 이 의견은, 지 교수님도 아시겠지만 원래 가톨릭 신부 테야르 드 샤르댕Teilhard de Chardin이 주장한 것 아닙니까? 샤르댕 신부는 수도단체인 예수회 소속으로 독특한 역사관을 주장했지요. 그는 인류 역사를 해석하기를, 우리 모든 인류는 예수의 출현을 정점으로 해서 오메가 포인트, 즉 종국적인 귀착점을 향해 끊임없이 진화해간다고 했습니다. 다분히 기독교적인 발상이라 쉽게 받아들일 수는 없는데, 어떻든 인류가 진화의 정점으로 간다는 것은 이전의 신학자들이 이야기하지 않은 새로운 주장입니다.

지영해 저도 교수님처럼 전제조건을 정확하게 말씀드리고 시작해야 할 것 같습니다. 저 또한 UFO의 출현은 사실이며 이 UFO는 우리가 말하는 외계인들이 타고 온 것이라고 생각합니다. 이들 외계인들은 인간을 납치해 인간에 대해 인류학적 · 사회적 · 생물학적인 연구를 해왔습니다. 여기에는 인간과 그들 사이의 혼혈종 산출이 핵심을 이루고 있습니다. 그리고 이들이 접근하는 이유는 인류 문명이 현재 직면한 위기와 관련이 있는 것으로 보입니다. 즉, 인류가 직면한 문제를 자기 자신들의 문제로 심각하게 생각하고 있다는 것이죠. 여기까지는 나름대로 확신이 있는데, 이것을 넘어서 외계인이 어떤 방식으로 이런 문제에 직면한 인간들과 관계를 가질 것이냐에 관해서는, 최 교수님이 말씀한 것과 똑같이 100퍼센트 추측만 할 수 있을 뿐입니다. 즉, 공상과학소설에 가까운 순전한 가설인 것이죠.

저는 외계인의 출현은 결국 인간이 스스로의 문제를 해결하지 못하니까 외계인들이 직접 개입하는 것이라고 봅니다. 그 이유는 앞에서 말씀드렸습니다. 어떻게 인간이 저질러놓은 문제를 해결하느냐에 관해서는 최 교수님의 견해와 차이가 있습니다. 저는 혹시 해결책의 핵심에 지금까지 그들이 생산에 집중해온 혼혈종이 있지 않을까, 그 가능성을 생각해보고 있습니다. 물론 혼혈종 생산이 우리의 문제와 전혀 관계가 없을 수도 있습니다. 그러나 혼혈종 생산이 현재 인류가 직면한 문제와 관련이 있다는 가정을 하면, 만족스럽지는 않지만 몇 가지 억측은 해볼 수 있습니다.

첫째, 아예 지구는 포기하고 혼혈종을 다른 별로 이주시켜 인류의 유전자를 일부 보존해서 제2의 인류 문명을 새로 시작하는 것입니다. 둘째, 혼혈종들을 지구의 엘리트로 만들어, 정치 · 경제 체제를 변화시키고 핵 문제와 환경 문제를 해결하도록 하는 것입니다. 셋째, 인류를 서서히 혼혈종으로 대체시켜 이제까지의 인류를 대체하는 더 우수한 종으로 진화시켜서 근본적인 문제를 해결하는 것입니다.

그런데 저는 이 세 가지가 다 만족스럽지 못합니다. 제가 가정한 외계인의 근원을 생각해볼 때, 지구의 문제를 해결하는 것은 인간에게뿐만 아니라 외계인들에게도 중요한 일입니다. 인류의 보존이 목적이 아니라, 그들의 인접생명권인 우리 영역에서 벌어지는 위기를 해결하는 게 주목적이 되어야 하는 것이지요. 따라서 혼혈종을 다른 별이나 다른 인접생명권으로 옮기는 첫 번째 가설은 의미가 없을 것 같습니다. 두 번째의 경우, 대부분의 인간은 놔두고 지도부만 우수한 혼혈종으로 대체해 문제를 해결한다는 것인데, 여기에는 두 가지 전제조건이 따릅니다. 이들 혼혈종은 두뇌만 우수해서는 안 되고, 일반 대중을 설득시키고 이끌어갈 뛰어난 소통 기술과 정치적 카리스마도 있어야 한다는 것이죠. 비용-효과 면에서는 이 방책이 최선이지만, 이들이 필요한 역량을 다 갖고 있는지는 의문입니다. 일각에서는 지난 수십 년간 특이하게 지적·정신적 능력이 뛰어난 아이들이 세계 곳곳에서 태어나고 있다는 보고가 있었습니다. 소위 인디고 아이들indigo children[●]이죠. 과연 정말로 그런 특정한 그룹의 아이들이 최근 인류 사회에 태어나고 있는지는 확인할 길이 없습니다. 만일 사실이라 해도, 이들이 혼혈종과 어떤 관계에 있는지는 불분명합니다. 하지만 분명히 개념적으로는 비슷한 유형입니다. 뛰어난 소

● 특출난 아이들을 의미하는 뉴에이지 용어로, 1970년대에 미국의 초심리학자 낸시 태프(Nancy Ann Tappe)에 의해 제기된 주장에 기반을 두고 있다. 이에 따르면, 앞으로 인류는 급속도로 진화 단계를 밟을 것이며, 특히 영성적 진화에 가속도가 붙는데, 이런 조짐을 보이는 아이들이 현재 세계 곳곳에서 급증하고 있다는 것이다. 탁월한 능력을 가진 인디고 아이들은 텔레파시나 투시 등의 초능력에 대한 잠재력을 갖고 있다고 한다.

수 그룹의 신인류가 형성되어 현재 인류가 직면한 문제를 해결한다는 것이죠.

세 번째, 인류 전체를 새로운 종으로 바꿔간다는 시나리오는 황당하지만 가능성이 아주 없는 것은 아닙니다. 저는 최근 세간에서 나돌고 있는, 인류는 사실상 초능력적인 외계인이 개입해 발전시킨 종이라는 이론에 상당히 관심이 있습니다. 물론 확인할 길은 없습니다. 이론적 가능성만 있는 것이지요. 진화론자들이 말하는 '자연적 선택'에 의한 진화는 시간이 너무 많이 걸립니다. 하지만 만일 외계 문명이 인간 문명 옆에 존재한다면, 문명과 문명 간의 상호작용은 거의 필연적입니다. 상위 문명이 필요하다고 판단할 경우, 상위 문명에 의한 하위 문명의 통제와 변형은 반드시 일어나지요. 하지만 앞에서 제가 말씀드렸듯이, 핵이나 환경 문제는 분초를 다투는 시급한 문제입니다. 과연 신인류 조성이 그렇게 빨리 되겠는지, 인간이 직면한 문제의 시급성을 보면 양자 간에 괴리가 있다는 느낌입니다. 혹시 외계인들은 인간이 처한 문제의 심각성은 인지하면서도 시간적으로 아직은 여유가 있다고 판단하는지도 모르죠. 만일 그렇다면 정말 쌍수를 들고 환영할 일입니다. 그러나 현재로서는 어느 쪽도 확실한 것이 없는 상황입니다.

하여튼 인간이 처한 종말론적 현재 상황과 혼혈종 생산과의 관계는 현재 미스터리입니다. 어쩌면 혼혈종은 지금까지 우리가 생각했던 것과는 완전히 다른 용도를 위해 생산되어왔는지도 모르죠. 그것이 무엇인지는 알 수 없지만.

제이컵스 교수도 혼혈종의 인간 사회 침투 가능성에 관해 비슷한 생각을 하고 있습니다. 다만 그는 그것이 순전히 정치적인 식민화를 위한 것이라고 말합니다. 하지만 제이컵스의 이론에는 커다란 허점이 있습니다. 만일 단순히 자원적 수탈 혹은 정치적 정복욕을 만족시키기 위한 식민화의 일환이라면, 왜 인간의 머리가 다 큰 이 과학시대에 이르러서야 그것을 한다는 말입니까? 과거 중세시대나 농경시대에 했다면 인류의 저항도 훨씬 덜 받지 않았겠습니까? 그래서 저는 식민화를 위해 혼혈종을 생산하고 있다는 이론에는 반대하는 입장입니다. 물론 핵과 환경 문제를 해결하기 위해 혼혈종을 투입해서 인류를 대체하고자 한다는 생각에도 많은 문제가 있지만 말이지요. 그런데 지금 최 교수님 표정이 폭발 직전이군요. (웃음)

최준식 아이고, 지 교수님 또 굉장히 많이 나가시네요. 앞에서도 말씀한 것이지만, 외계인 유전자가 유입된 새로운 인류의 탄생을 또 언급하시니 말입니다. 저는 이 가정을 받아들이기가 아주 힘들다고 했습니다. UFO 컬트 이야기 같고 공상과학소설에나 나오는 이야기 같지 않습니까? 아마 일반 독자들도 같은 느낌일 겁니다. 우리 인간들 속에 다른 종이 아무도 모르게 들어와 살고 있다니, 흡사 우주 첩자들이 들어와 있는 느낌입니다. 저는 환상적인 것을 좋아하지만 이런 공상적인 것은 믿지 않습니다.

지영해 제가 그래서 아예 처음부터 이 부분은 100퍼센트 추측이

며 공상과학소설 수준이라고 못 박지 않았습니까? (웃음)

최준식 그런데 문제는 이렇게 간단하게 거부하면 끝나는 것이 아니라는 데에 있습니다. 왜냐하면 그냥 공상에 불과한 것이라고 하기에는 마음에 걸리는 부분이 있기 때문입니다. 가장 문제 되는 것은 피랍자들의 체험담입니다. 이들은 미쳤거나 공상에 빠진 사람들이 아닙니다. 매우 이성적이고 교양 있는 사람들이지요. 게다가 수도 한둘이 아닙니다. 수천수만입니다. 이런 사람들이 한결같이 외계인들에게 피랍되어 특히 생식과 관련해서 생체실험을 당했다고 진술했습니다. 또 어떤 사람은 임신을 하기도 했지요. 이런 예가 한둘이 아닙니다. 그러니 이 체험을 그냥 공상으로만 흘려보내기에는 사안이 막중합니다.

만일 이 체험이 모두 환상에 불과하다고 주장하려면 다음과 같은 질문에 답해야 합니다. '어떻게 그렇게 많은 사람들이 같은 환상에 빠질 수 있는가?' 피랍자들의 체험담을 들어보면, 그저 환상이라고 하기에는 생생한 부분이 많습니다. 그것도 대충 생생한 것이 아닙니다. 그들의 체험은 워낙 생생해 부정할 수 없는 지경입니다. 그리고 그들이 있지도 않은 일을 있다고 해봐야 그들에게 떨어지는 것도 없습니다. 그들의 이익과 아무 관련이 없다는 것이지요. 아마 이런 여러 이유 때문에 지 교수님이나 제이컵스 교수가 외계인과 지구인의 혼혈종이 지금도 계속해서 탄생하고 있다고 주장하는 것 같습니다.

그럼에도 불구하고, 이 주장을 사실로 받아들인다 해도 저는 의문이 많이 남습니다. 그 의문을 하나하나 말씀드릴 테니 답변이 가능한 건 답을 해주시기 바랍니다. 교수님의 가정에 따르면, 외계인들이 계속해서 혼혈종을 만들어내고 있는데 이 작업은 얼마나 계속되는 것인가요? 말씀한 것처럼 이 현생 인류가 사라질 때까지 계속되나요? 그다음 질문은 더 구체적입니다. 이런 혼혈종이 생겨난 다음 이들이 원래 지구인과 결혼해 자식을 낳으면 그 아이는 인종적으로 어느 쪽에 더 가까워지나요? 섞인 비율만 보면, 지구계가 둘이면 외계인계는 하나입니다. 이럴 경우 외계인 쪽과 지구인 쪽 가운데 어디에 더 가깝냐는 이야기입니다. 여기서 드는 의문은, 외계인들은 어떤 방법으로 지구 인종을 교체할까요? 다시 말해, 혼혈종을 계속 만들어내 지구 인종 전체를 교체할지, 아니면 그 혼혈종들이 지구인과 결혼해서 새로운 인류를 낳아 지구 인종을 교체할지요?

지영해 지금 어떻게 인류를 대체해나갈 것이냐고 하셨는데, 개체수로 보면 지금 당장 70억에 달하는 인류 전체를 하나하나 혼혈종으로 바꿔나가기는 불가능할 것입니다. 피랍자들의 증언을 들어보면, 혼혈종 한두 명을 만들고 키우고 교육시키는 데 상당한 노력과 투자가 들어가는 것 같습니다. 그러니 인류의 상당수를 직접 혼혈종으로 대체하는 것은 힘들지 않을까 추측해봅니다. 그렇다면 혼혈종을 몰래 잠입시켜 시간을 두고 수세대에 걸쳐서 인간과의 교배를 통해 외계인 인자를 주입시키고, 좀 더 이성적이며 덜 폭력적인 신인류를 확산시켜나가는 수밖에 없겠죠.

여기서 한 가지 문제점으로 지적되는 것은, 지구인과 혼합되면 될수록 이성적이며 비폭력적인 외계인적 품성은 희석되면서 기존의 인간에 점점 더 가까워질 텐데, 그럼 이 교배식 확산은 원칙상 원래의 목적을 상실할 가능성이 있지 않은가 하는 것입니다. 하지만 아직은 외계인들의 유전공학 수준을 알 수 없으니, 이에 대해 뭐라고 판단할 수는 없을 것 같습니다. 오히려 교배식 확산의 문제는, 말씀드렸듯이 수세대가 소요되는 장기 프로젝트인데, 인간이 처한 상황의 시급함을 보면 재난 해결용으로는 적합하지 않다는 것입니다. 그럼 혼혈종을 생산하는 이유가 무엇이냐 하는 원래의 출발점으로 되돌아가야 합니다.

최준식 이보다 더 의문스러운 것은 이 혼혈종들은 대체 어떤 성품이나 성향, 인격을 지닌 존재들인가 하는 것입니다. 교수님의 가설에 따르면, 이들은 그 문제 많은 지구인들을 대신하기 위해서 만들어졌습니다. 그렇다면 이들은 적개심이 없고 평화를 사랑할 뿐만 아니라 지혜로운 존재여야 합니다. 그래야 지금 인류가 직면해 있는 문제를 풀 수 있을 테니까요. 어떻습니까? 이들은 정말로 그런 존재들인가요?

지영해 혼혈종의 품성에 대해 알려진 것은 거의 없습니다. 이리저리 단편적으로 묘사된 것을 보면, 오히려 어떤 혼혈종은 비사교적이고 거칠며 비협력적이라는 말도 있어요. 혹은 다른 인간에게 무관심하고 자기만의 목적을 위해 사는 자폐적인 성향을 갖고 있는 혼혈종도 있는 것 같습니다. 즉, 혼혈종이 마치 우리의 전통적인 인자와 같은 품성을 갖고 있다는 증언은 없었습니다. 하지만 이들이 집단적으로 적개심을 표출한다든가, 폭력을 사랑한다든가 하는 증언도 접한 적이 없습니다. 어쩌면 이들은 우리가 생각하는, 평화를 사랑하고 인간적인 미가 넘치는 따뜻한 품성을 갖고 있기보다는 문제 해결에 적합한 합목적적 품성과 거의 냉혹할 정도로 차가운 성격을 갖고 있는지도 모릅니다. 그리고 뛰어난 두뇌를 가졌겠지요. 이렇게 그냥 추측만 할 뿐입니다.

최준식 다음 질문입니다. 만일 이 혼혈종이 이렇게 특이한 존재들이라는 가정을 받아들인다면, 왜 우리는 이런 존재들을 주위에서 발견할 수 없는 것일까요? 그들의 위장이 철저해서 우리가 알 수 없는 건가요?

그런데 이보다 더 크게 드는 의문은, 지금 지구상에 이런 존재들이 수십수백만이나 있다고 하는데, 그동안 인간 사회에 무슨 변화가 있었느냐는 것입니다. 지금 인류 사회에는 문제가 엄청나게 산적해 있는데, 대부분의 문제들이 해결되지 못한 채 악화되고 있습니다. 예를 들어, 기독교와 이슬람교의 싸움을 보십시오. 9·11 테러부터 최근의 이슬람국가IS라는 단체의 탄생까지, 이 두 종교의 싸움은 더 격해지면 격해졌지 사그라들 기미가 전혀 보이지 않습니다. 제 개인적인 생각으로는 이 두 종교의 싸움은 인류가 종말을 맞을 때까지 갈 것 같습니다. 사정이 이런데, 이른바 혼혈종들은 이 호전적인 종교 간의 전쟁을 종식시키기 위해 무슨 일을 하고 있는 걸까요? 그 외에도 지구상에는 분쟁이 지긋지

긋하게 많습니다. 세계 각지의 각종 분쟁들도 해결될 기미는 보이지 않고 더 나빠지기만 합니다. 그런데도 세계 어디서든 혼혈종들이 사력을 다해 이런 문제를 풀었다거나 해결하고 있다는 소식은 들리지 않습니다.

우리나라도 그렇지 않습니까? 남북 간의 관계는 계속 나빠지기만 할 뿐, 개선될 기미가 별로 없습니다. 북한과 같은 지상 최악의 나라가 생겨나 70년 이상을 가도 어느 누구 하나 나서서 북한의 극악한 비인도적인 행위를 막지 못하고 있습니다. 북한 같은 사회가 있는 것은 인류에 대한 모독입니다. 인권을 유린해도 저렇게 유린할 수 없습니다. 그렇다면 북한 같은 가장 나쁜 국가를 없애기 위해 혼혈종들은 무슨 일이든 해야 하는 것 아닌가요? 그런데 어디서도 그들이 활동하고 있는 낌새를 차릴 수가 없습니다. 이런 수많은 문제를 앞에 두고 우리 혼혈종들은 대체 어디서 무엇을 하고 있는 것일까요?

지영해 혼혈종들이 어디서 무엇을 하고 있는지는 저 또한 궁금합니다. 이들이 우리 사이에 들어와 있기나 한 것인가 하는 의문도 있습니다. 한편, 외계인들이 인간을 납치해 추구하는 프로젝트 자체가 비밀에 싸여 있으니, 그 결과물도 비밀에 부쳐진다는 것은 어느 정도 예상할 만합니다. 즉, 혼혈종의 행방은 비밀리에 보호되고 있겠지요.

그냥 여담으로 한 말씀 드릴까요? 저는 가끔 혼혈종 혹은 유사혼혈종으로부터 전화도 받고 이메일도 받습니다. 한번은 캐나다에서 전화가 왔는데, 자기는 파충류형 계통의 혼혈종이라고 하더군요. 무엇을 하고 있느냐고 했더니, 탄소 배출을 극소화할 수 있는 바이오연료를 개발하는 중이라고 했습니다. 또 한번은 남부 잉글랜드의 콘월Cornwall에 사는 40대 여자로부터 이메일이 왔습니다. 자기는 지방정부 의원이고 현재 영국 국가의료보험공단과의 대규모 사업 수주에 관련되어 있어서 리자Lisa라는 가명을 쓸 수밖에 없다고 하면서, 자기 몸 안에는 외계인이 주입한 액체가 흐르는데, 자신의 몸과 의식을 긍정적으로 재프로그래밍reprogramming하고 있다고 하더군요. 또 한번은 미국 알래스카에서 전화가 왔는데, 자기 딸이 어릴 때부터 납치를 당하고 있는 것 같은데, 어쩌면 자기도 피랍자이며 딸은 사실 자기와 외계인 사이에서 태어난 혼혈종일지도 모른다는 생각이 든다고 하더군요. 저는 특별히 관심을 끄는 케이스가 아니면 그냥 '그러시냐'고 하면서 듣기만 합니다. (웃음)

'우리 속의 외계인' 혹은 '우리 속의 혼혈종'에 대한 저의 입장은 간단합니다. '이론적으로는 가능하다, 하지만 현실적으로는 직접적인 물질적 증거를 얻기까지는 판단을 유보한다.' 우리 속에 혼혈종이 있다는 주장이 사실인지 허위인지는 의학적으로 증명이 가능합니다. 만일 어떤 사람의 머리카락이나 피부에서 인간 DNA 이외의 것이 나오면, 혼혈종일 가능성이 있다고 볼 수 있겠지요. 그때부터는 '우리 사이를 걸어다니고 있는 혼혈종'에 대해 심각하게 얘기할 수 있을 것입니다. 그런 물증을 확보할 날만

기다리고 있습니다.

최준식 제가 만일 외계인이라면요, 저는 이처럼 무리하게 지구인들을 납치해다가 생체실험을 하고 그들과 성적인 교섭을 통해 새로운 인종을 만들어내지는 않을 것 같습니다. 외계인들이 지금 하고 있는 일은 잘 이해가 안 됩니다. 그렇지 않습니까? 우리 인류에게는 아무런 동의도 구하지 않고 자기들 마음대로 사람들을 납치하지를 않나, 그리고 여전히 동의 없이 자기들이 하고 싶은 실험을 하질 않나, 생체실험을 할 때에도 바늘 같은 것을 마구 찌르질 않나, 난자니 정자니 하는 것들을 마음대로 채취하질 않나⋯⋯ 어디 하나 좋게 봐줄 구석이 없습니다. 더 기분 나쁜 것은, 실험을 제멋대로 하고 나서 그런 기억들을 다 지워놓는다는 것입니다. 그러니까 '인간 너희들은 우리가 하는 일에 대해 알 필요 없다'는 거지요. 물론 킬데 같은 사람은 실험을 당할 때 그 외계인들이 아주 우호적이었다고 말합니다. 그러나 사정이야 어찌 됐든 우리 인간은 완전히 대상으로만 취급되는 것 아닙니까? 하나의 주체적인 인격체로 대우받는 것이 아니라는 얘깁니다. 그러니 이게 어디 기분 좋은 일입니까? 여기에 대해서 전문가들은 뭐라고 합니까?

지영해 대부분의 피랍 연구가들은 이 점을 지적하고 있습니다. 특히 그 자신이 피랍자이면서 피랍 연구에 전념했던 카라 터너 박사는 아주 치를 떨었지요.* 그녀는 키가 아주 작아 연단에 설 때는 늘 발받침을 사용해야 했는데, 사는 동안 내내 공포스럽고도

무자비한 피랍을 경험했으며, 외계인들이 자기 딸과 아들에게도 심각한 정신적·심리적 손상을 입혔다고 주장하기도 했어요. 48세의 비교적 젊은 나이에 암에 걸려 일찍 죽었지만, 마지막까지 열심히 미국 전역을 순회하며 외계인에 의한 피랍이 실재한다는 것과 피랍이 얼마나 인간의 존엄성과 개인적인 자유를 무참하게 침해하는지를 역설했죠.

최 교수님 말씀이 전반적으로 맞습니다. 외계인들은 인간을 죽이거나 회복 불가능할 정도로 피해를 주지는 않지만, 인간의 감정은 손톱만큼도 신경쓰지 않습니다. 그들은 자신들이 하는 일이 얼마나 중요한지 인간이 알아주기만을 바랄 뿐입니다. 그 이유를 설명하지도 않으면서 그냥 중요하다고만 이야기하지요. 그리고 언젠가는 그 중요성을 알 날이 올 거라고 합니다. 그 말은 이 일이 그렇게도 중요하니까 어렵고 고통스럽고 무서운 것은 그냥 참아넘기라는 뜻이죠. 우리말로 참 거시기한 존재들입니다.

최준식 외계인들이 영성이 높은 존재들이라면 이 같은 실험을 임의로 자행하지는 않을 것 같습니다. 대신 자기들은 옆에서 간접적으로 돕기만 하고 모든 것을 지구인들의 자율에 맡기지 않을

● 죽기 전 그녀는 자신이 외계인의 생체실험에 의해 유방암에 걸린 것이 아닌가 의심했다. 자신이 저서나 연설을 통해 외계인이 행하는 끔찍한 일들의 실상을 너무 적나라하게 퍼뜨리고 다니는 바람에 외계인들로부터 앙갚음을 당한 것이라고 믿게 되었던 것이다. G. Cope Schellhorn, Is Someone Killing Our UFO Investigators? 참조. http://www.karlaturner.org/articles/related/is_someone_killing.html

까요? 생각해보십시오. 교육학에서도 그렇게 이야기하지 않습니까? 어린이를 교육할 때 가장 기본이 되는 게 자율적인 교육이라고 말입니다. 반대로 교육에서 가장 나쁜 것은 피교육자에 대해 간섭하고 참견하는 것입니다. 그러면 피교육자가 자율적인 인간으로 성장하지 못합니다. 그래서 좋은 교육은 피교육자를 위해 일정한 테두리를 만들어주고 그 안에서 모든 것을 자율적으로 하게 합니다. 그렇게 해서 어린이가 건전한 인격을 길러내고 스스로 책임감 있는 인간으로 성장하는 것, 이것이야말로 가장 이상적인 교육 아니겠습니까? 이런 입장에서 볼 때, 외계인들이 인간들을 마구 데려다가 정자나 난자를 채취해 변종을 만들어내는 것은 그들이 지나치게 인간들의 일에 간섭하는 것으로 생각됩니다. 만일 이런 사실이 인류에게 공개된다면 좋아할 사람이 누가 있을까요?

QUESTION **그런 의미에서 보면, 우리 인류는 인간의 자결권과 존엄성을 위해 이들이 하는 일에 제동을 걸고 그 시도 일체를 거부해야 하지 않나요? 어떻게 생각하십니까?**

지영해 외계인과의 관계를 떠나서 인간의 자결권과 존엄성에 대해서만 말씀드리겠습니다. 정말 인간에게 자결권과 존엄성이란 것이 있을까요? 저는 없다고 봅니다. 그것은 마치 독을 뿜어대며 상대를 찢고 찌르고 죽이고 있던 독사나 전갈이 갑자기 근엄

한 표정으로 인간을 향해 돌아서서 '우리에게는 독사와 전갈로서 위대한 자결권과 숭고한 존엄성이 있다'고 외치는 것과 같습니다. 인간의 자결권과 존엄성이라는 개념은 13~14세기경 서양 신학에서 태동해 18세기 정도에 완성된 한시적인 개념입니다. 인간에게는 자결권과 존엄성이 없다는 말에 모욕감과 불쾌감을 느낄 수 있는 이유는, 그만큼 지난 수백 년간 인간이 개인적으로 혹은 집단적으로 자아ego가 확장되었기 때문이지요.

이 자아가 자유와 인권, 자결권과 존엄성의 옷을 입고 무한정 부풀어오르기 전까지 그 자리에는 신이 있었습니다. 신은 인간의 머리 위에 있어서 우리가 무릎을 꿇고 조아리며 '예'라고 함으로써 복종해야 하는 무한지고의 존재였습니다. 그 존재를 대신해서 인간이 들어왔습니다. 그런데 그 인간이라는 존재의 수준이 영 말이 아닙니다. 존엄함을 외친 다음 존엄성과 권리와 자유라는 미명 아래 홀가분한 마음으로 다른 인간을 무한히 살상하고 자연을 파괴하는 인간이 독사나 전갈과 무슨 차이가 있단 말입니까? 자결권과 존엄성은 그것이 주어졌을 때, 그에 걸맞은 생각과 행동을 할 수 있는 존재에게만 인정되는 것입니다.

최준식 지 교수님은 우리 인간에 대해 매우 부정적인 생각을 갖고 계신 것 같군요. 인간을 전갈이나 독사에게 비유하시다니 말입니다. (웃음)

지영해 제 표현이 좀 심했나요? 하지만 파괴적인 독기에 있어서는 인간이 전갈이나 독사보다 더하면 더했지 절대 못하지는 않을 것입니다. 전갈이나 독사는 서로를 물어뜯으며 죽일지언정 최소한 자기들이 사는 집 자체를 파괴하지는 않지 않습니까?

최준식 사실 저도 인간을 그리 높이 평가하는 것은 아닙니다. 너무나도 이기적이기 때문입니다. 제 개인적인 생각으로는 지금 인간은 자신이 실현할 수 있는 진화의 정점까지 가려면 아직 갈 길이 멉니다. 멀어도 보통 먼 게 아닙니다. 학교로 비유하면 초등학교 저학년 수준이 아닌가 싶습니다. 진정한 인간이 되려면 박사 학위까지 받아야 하는데, 이제 초등학생이니 어느 세월에 박사가 되겠습니까? 그런데 인간은 더 발전할 수 있는 가능성이 있습니다. 그에 비해 동물 이하의 생물들은 그런 가능성이 없습니다. 바로 이 점 때문에 인간은 존중받아야 한다고 생각하는데, 외계인들은 우리가 동물들을 대하는 것보다 더 비정하게 인간을 대하는 것 같으니, 그게 마음에 걸린다는 것이지요.

지영해 원래 질문으로 돌아가서, 저의 경우 그에 대한 답은 없습니다. 외계인의 수준을 알아보고 판단할 정도가 되면 인간은 그 결과에 따라 자결권과 존엄성을 주장할 수도 있을 것입니다. 하지만 제가 추측하기에, 그것이 무엇인지는 몰라도 외계인들은 인간이 도달하지 못한 우주적인 차원에서의 합목적적인 원칙에 따라 인간을 대하고 있는 것 같습니다. 그들만의 이기심도 아닐 것이고, 또 인간의 행복을 위한 것도 아닌, 보편적인 상위의 법에 따라 움직이고 있을 겁니다. 인간은 아무래도 이 수준에 도달하지는 못하겠지요. 외계인을 향해 자신 있게 그들의 행위를 중지

하도록 요구할 수준에 절대 도달하지 못할 것입니다. 또 그런 요구를 할 수 있다고 해도, 실제로 UFO 목격이나 피랍 경험에서 볼 때, 외계인들의 의사에 반해 물리적으로 행동할 수 있는 가능성은 거의 없습니다. 이들의 의사에 반해 움직이는 것은 아주 조그만 부분적인 영역, 예를 들어 그들을 팔로 밀치거나, 뛰어 도망치려고 시도하거나, 발버둥친다거나 하는 정도의 제한적인 저항을 제외하고는 불가능하다고 봅니다. 그것도 결국 성공하지 못합니다. 이들은 물리적으로나 신경정신적으로나 인간을 장악할 수 있는 능력이 있어요. UFO도 영국 정부가 낸 컨다인 리포트가 말해주듯이, 인간이 추적하거나 격추시키거나 통제할 수 없습니다. 외계인들을 대상으로 할 때, 우리에게는 존엄성과 자결권을 행사할 수 있는 능력이 전혀 없습니다. 능력power이 없으면 권리right도 설 수 없습니다.

최준식 그런데 거꾸로 제가 외계인의 입장에서 생각한다면 이럴 가능성도 있을 것 같습니다. 그러니까 지금 지구에 사는 인류들은 이런 식으로 간섭을 하지 않으면 가망이 없다고 말입니다. 글쎄요, 외계인들이 그동안 인류가 자율적으로 문제를 해결해나갈 수 있도록 계속 돕고 지켜봤는데, 이제 그 시간이 지났다고 생각하는 것 아닐까요? 이번 인류는 자가self 개선의 가능성이 없기 때문에 외계인들이 적극적으로 관여하는 것 아닌가 하는 생각도 듭니다. 자율적인 존재로 대접받을 만한 자격이 없다는 얘기죠.

지영해 저도 왠지 그런 생각이 드는군요.

최준식 이것은 한번 외계인의 입장에 서서 생각해본 것이고요, 저는 여전히 그들의 납치 행각에 대해서는 동의하지 못하는 면이 많습니다. 또 왜 그렇게 비밀리에 하는지, 그 행태도 마뜩치 않고요. 좌우간 더 기다려보겠습니다.

지영해 사실 '납치abduction'라는 단어를 사용하는 것은 약간 잘못되었다고 할 수 있습니다. 물론 본인 의사에 반해서 데려갔으니 형식적으로는 납치입니다. 그러나 만일 죽어가는 말기 암환자를 그의 의사에 관계없이 데려가, 암을 완전히 제거하고 건강한 생명의 상태로 만들어 제자리에 돌려놓았다면, 그 과정 전체를 납치라고 표현하기에는 문제가 있지 않을까요? 또 납치자가 인질의 목숨을 담보로 돈을 요구하는 것 같은 폭력적인 과정이 외계인 피랍 과정에는 빠져 있습니다. 하지만 다른 적당한 단어가 없으니 할 수 없이 '납치'라는 단어를 사용하고 있는 것이죠.

또 지금 '비밀리'라고 말씀했는데, 이것은 매우 중요한 문제 같습니다. 그들이 비밀리에 이런 일을 하는 것은, 아무리 인간의 문제를 해결하는 데 필요한 것이라 할지라도, 일단 인간이 알면 현재 인간의 의식 발전 수준에서 거센 반발과 저항이 따를 것이라고 판단했기 때문 아닐까요? 그들은 철저히 목적을 설정하고 그것만 이루면 되는 것입니다. 인간에게 설명을 하거나 동의를 구할 필요가 없는 것이죠. 결국 '비밀리'가 되어버린 것은 외계인들 때문이 아니라 인간들 때문입니다.

최준식
×
지영해
×
×
×
×
×
×
×
×
×
×
×

take. 5

그들의 존재는 우리의 지평을 넓혀주는가?

QUESTION **외계인 피랍자 중 피랍 당시 UFO 내에서 죽은 친척이나 가족을 보았다는 얘기가 간혹 있습니다. 피랍 경험과 죽음 사이에는 어떤 관계가 있을까요?**

지영해 이 문제는 최 교수님이 전문가라서 더 좋은 말씀을 해줄 거라고 생각합니다. 몇몇 피랍 연구가들은 외계인들이 피랍자의 신경 루트를 통해 마인드컨트롤을 시행하고 마치 죽은 사람이 다시 돌아와 피랍자들을 맞이하는 것처럼 보이게 만든다고 봅니다. 외계인들이 특히 피랍자들의 협조를 필요로 할 때나 무언가를 설득할 때 이런 일들이 발생한다는 것으로 보아서 이런 설명이 완전히 불합리한 것은 아닌 것 같습니다. 앞서 말씀드린 대로 외계인들이 남성 피랍자들로부터 정자를 필요로 할 때, 묘령의 여성이 나타나 성적 흥분을 돕는데, 정자를 채취한 후에는 그 여성이 순간적으로 외계인의 모습으로 변하는 경우도 있습니다. 이

또한 결국 같은 수법이라고 볼 수 있겠지요. 하지만 또 다른 시각에서 보면, 피랍자들이 가는 UFO나 외계인들의 영역이 어쩌면 우리 삶이 영위되는 시간과는 완전히 다른 과거나 미래의 시간과 공간, 혹은 시간이 존재하지 않는 공간이라고 볼 수도 있겠지요. 이런 경우에는 정말 죽은 사람이 실제 나타나는 것도 불가능하지는 않을 것 같습니다.

최준식 이 UFO 현상은 종교와 대단히 밀접한 관계를 맺는가 하면 죽음 분야와도 일정한 관계를 갖습니다. 우선 종교와 밀접한 관계를 맺는다고 한 것은, UFO가 나타날 때와 어떤 종교적 현상이 나타날 때가 비상하게 닮았기 때문입니다. 예를 들어, 성모 마리아가 나타나는 성현聖顯 현상은 전세계적으로 발견되는데, 마리아가 나타날 때와 UFO가 나타날 때에 동일하게 빛나는 공 같은 것이 움직입니다. 불꽃이 찬란한 구체가 회전하면서 움직이는 것이지요. 이 두 체험이 다른 점이 있다면, 그렇게 지속되다가 마리아가 나타나느냐, 안 나타나느냐 하는 것뿐입니다. UFO의 경우에는 물론 그 구체가 바로 UFO 선체가 되지요. 그래서 이런 UFO 현상을 20세기형 종교 체험이라고 말하기도 합니다. 내용은 전형적인 종교 체험인데, 겉모습은 UFO라는 최첨단의 모습을 띠고 있기 때문에 그렇게 표현하는 것이지요.

UFO 현상은 또 종교와의 관계처럼 그렇게 긴밀하지는 않더라도 죽음과도 일정한 관계를 갖습니다. 말씀한 것처럼 우주선 안에서 이미 죽은 사람들을 만나는 것이지요. 그런데 이것은 실제로 죽은 사람이 영혼의 형태로 오는 것이 아니라 외계인들이 그 사람의 기억 속에 있는 정보와 이미지를 빼내서 그렇게 만들었을 것으로 추정됩니다. 피랍자들의 체험에 따르면, 외계인들은 자신들의 외모를 임의대로 바꾼다고 하지 않습니까? 저는 외계인들의 수준에서는 이런 일이 가능할 거라고 생각합니다. 그들은 영과 육, 그러니까 에너지와 물질의 구분을 뛰어넘었을 테니까요. 따라서 그들에게는 우리 인간이 갖고 있는 삶과 죽음의 문제가 없을 것으로 생각됩니다. 인간처럼 육체적인 죽음은 없을 겁니다. 육체적 수준은 이미 졸업했다고 생각되기 때문이지요. 그들은 영적인 수준에 머물면서 필요하면 물질계에 육적인 형태로 나타납니다. 그러다 한순간에 다시 영적인 세계로 갈 수도 있습니다. 그들은 육적인 것보다 한 차원 높은 곳에 있기 때문에 물질을 자기 마음대로 운용할 수 있을 겁니다. 무슨 말인가 하면, 자신이 생각하는 대로 육적인 모습을 바꿀 수 있다는 것이지요. 그래서 만일 피랍된 사람의 죽은 아버지의 모습을 하고 싶으면 그렇게 할 수 있고, 피랍 남성에게 성적 흥분을 일으키고 싶으면 아주 예쁜 지구 여인으로 그 모습을 바꿀 수 있는 것이겠지요.

그에 비해 우리 지구인들은 진화 정도가 아직 지구라는 물질계에 머물고 있습니다. 이 물질계는 인간이나 고등 생물이 진화하는 전체 과정에서 보면 아주 하등 단계인 것 같습니다. 인류에게 이 지구라는 물질계가 필요한 것은 하등 단계에 있는 인류들에게 거칠고 강한 훈련을 시키기 위해서일 겁니다. 그렇지 않고

UFO 현상은 종교와 대단히 밀접한 관계를 맺는가 하면 죽음 분야와도 일정한 관계를 갖습니다. 우선 종교와 밀접한 관계를 맺는다고 한 것은, UFO가 나타날 때와 어떤 종교적 현상이 나타날 때가 비상하게 닮았기 때문입니다. 그래서 이런 UFO 현상을 20세기형 종교 체험이라고 말하기도 합니다.

서는 인류를 고등한 단계로 끌어올릴 수가 없기 때문이지요. 그러니까 이 지구라는 물질계는 아주 '빡센' 훈련장이라고나 할까요? 여기서 거친 훈련을 다 끝내야 영계로 가서 덜 힘든, 그러면서도 섬세한 훈련을 받게 될 것입니다. 더 높은 영계로 올라갈수록 훈련은 더 섬세해질 텐데, 일정한 수준에 올라가면 이 거친 물질계가 더 이상 필요하지 않은 수준이 될 것입니다. 추정컨대 외계인들은 다시 물질계에 내려오지 않고 영의 상태에서 훈련을 받아도 아무 문제 없는 수준에 다다른 것 아닌가 싶습니다.

QUESTION **언어와 지식의 문제 관련하여 질문을 드리겠습니다. 외계인들은 통신수단으로 주로 텔레파시를 사용한다는 점에 대해서 어떻게 생각하십니까? 그리고 그렇게 텔레파시를 사용한다고 할 때 문제점은 없을까요?**

최준식 그렇습니다. 우리 인간이 외계인과 통신을 할 때 텔레파시로 한다는 것은 이미 많이 알려진 사실입니다. 그리고 그렇게 소통하는 것이 당연하다고 말하고 있습니다. 저도 이 견해에 대체로 동의하는데, 좀 확실히 하고 싶은 문제가 있습니다. 그 문제에 대해 지 교수님이 대답해주면 감사하겠습니다.

우리 인간들이 서로 소통이 가능한 것은 언어를 쓰기 때문입니다. 언어를 듣고 그것을 마음속에서 생각으로 바꿔 이해하기 때문에 가능한 일이지요. 따라서 언어가 없으면 우리는 어떤 것도 생각하지 못합니다. 생각은 항상 언어로 하기 때문에 언어를 떠나서는 우리의 생각하는 뇌는 활동 정지 상태가 됩니다. 이것은 우리가 말을 하지 않고 소통할 때에도 마찬가지입니다.

이런 입장에서 볼 때, 외계인과 우리 인간은 서로 공유하는 언어가 없는데 어떻게 서로를 이해하는지 궁금합니다. 이러한 사정은 인간들 사이에서도 마찬가지 아닐까요? 가령 언어가 전혀 안 통하는 두 외국인이 만나면 일차적인 것 빼고는 소통이 안 됩니다. 마음속에서 상념화시킬 수 있는 공통 언어가 없기 때문입니다. 이 문제에 관해 UFO 전문가들은 어떻게 이야기하나요?

지영해 외계인이 인간처럼 특이한 말소리를 통해 뭔가를 얘기했다는 기록도 물론 있습니다. 그러나 많은 경우 무엇인가를 설명할 때 혹은 지시를 내리는 경우, 피랍자들은 머릿속에서 외계인들의 목소리를 듣는다고 해요. 즉, 텔레파시인 거죠. 최근 영국의 한 남성 피랍자가 텔레파시로 외계인의 목소리를 들은 순간의 느낌을 저에게 말해주었습니다. 기계음이나, 무슨 신비한 소리 파동이나 이미지 같은 것이 아니고, 어떤 사람이 자기 머릿속에서 자기에게 조용하지만 분명하게 말을 하는 그런 느낌이었다고 합니다. 그 느낌을 말로 정확하게 표현하기는 힘들다고 하더군요. 하여튼 여기서 중요한 것은, 머릿속에 들리는 것이 영어나 프랑스어 등 언어적 소리와 이미지인지, 아니면 메타언어 혹은 순수 개념으로 전달되는데 그것을 영어나 프랑스어 등 피랍자가 사용하는 언어적 준거틀로 해석해서 알아듣는 것인지는 확실치 않습니다. 교수님은 지금 소리나 글, 이미지로 된 언어적 그릇

없이 메타언어나 개념만으로는 의사가 전달될 수 없다는 전제를 하시는 듯합니다.

최준식 네, 인간은 언어를 떠나서는 어떤 사고도 할 수 없고 사람들 간의 소통도 불가능하다고 생각합니다. 그래서 언어를 넘어서는 메타언어나 그에 상응하는 개념들은 존재하지 않는다고 생각합니다. 그렇지 않습니까? 우리가 생각하는 순간 우리 뇌에는 개념이 떠오릅니다. 그런데 그 개념은 언어가 아니면 생각할 수 없습니다. 진리는 언어를 떠나 있다고 주장하는 선불교도들도 다른 종파의 불교도만큼이나 책을 많이 썼습니다. 그들도 소통하려면 언어를 사용하지 않을 수가 없었던 것이지요. 사정이 이러한데, 과연 외계인들은 인간들에게 어떤 식으로 의사를 전달할까요?

지영해 그런데 단순히 생각해보면, 사실 인간도 다른 언어를 몇 달이나 몇 년이면 배우는데, 외계인들이라고 못 배울 이유가 있을까요? 다만 여기서 수수께끼는 그 언어적 이미지와 상징을 어떻게 글이나 소리 같은 물질적 매체를 통하지 않고 인간의 언어적 뇌 기능에 직접 전사하느냐 하는 겁니다. 하지만 이러한 '와이파이' 전사는 인간의 뇌가 언어를 접수하고 처리하며 이해하는 방법을 알면 쉽게 할 수 있지 않을까 생각해봅니다. 최근 '동물도 언어 습득 능력이 있는가' 하는 연구에서, 동물들도 결국 인간의 언어를 이해할 수 있는 메타언어적 틀을 소유하고 있다는 것이 밝혀졌습니다. 그러니까 소리와 형상으로 전달되는 언어 바로 밑에 개념적 언어가 있고, 동물들도 이러한 언어적 준거틀을 보편적으로 갖고 있다는 것이죠. 그렇다면 외계인도 마찬가지로 이러한 언어적 틀을 갖고 있지 않나 한번 생각해볼 수 있겠지요. 사실 이쪽 분야는 언어학자나 인지심리학자들의 도움이 크게 필요한 부분입니다.

최준식 인간은 자의식을 가진 존재입니다. 때문에 인간은 자기 자신을 객관화할 수 있는 능력이 있습니다. 따라서 모든 것을 개념화할 수 있지요. 그때 언어가 나오는 것입니다. 지 교수님은 이 문제에 관해 언어학자나 인지심리학자들의 도움이 필요하다고 하셨는데, 사실 이것은 대단히 중요한 종교적인 문제입니다. 그래서 외려 종교학자들이 필요한데, 그렇다고 이들을 다 모아놓는다고 해도 문제는 풀리지 않을 겁니다. 학자들이 자기 전공 입장에서 저마다 자기주장만 할 테니 대화가 잘 안 되겠죠. 인문학과 사회과학, 그리고 자연과학은 만나기가 쉽지 않은 것 같습니다. 그러니 이 복잡한 문제는 놓아두고 다시 우리의 주제로 돌아가지요. 그런데 말입니다, 만일 텔레파시가 외계인들의 주요 통신수단이라면 그들의 사회는 어떻게 운영이 될까요? 서로 생각으로 다 통한다면 어떻게 될지 여간 궁금한 게 아닙니다. 이 점에 관해서도 많은 생각을 했을 것 같은데요.

지영해 네, 저도 텔레파시가 보편적인 통신수단인 외계인 사회에 대해 궁금한 점이 많았습니다. 만일 개개인의 생각이 마치 와이파이 퍼지듯이 주변의 모든 사람들에게 노출된다면 그 사회는 개인성과 프라이버시가 존재하지 않는 사회일 것입니다. 우리는 이런 경험을 해본 적이 없기 때문에 상상하기가 어렵습니다. 하지만 임의로 추정해보면, 외계인들의 사회는 어떤 한두 개의 룰에 따라 획일적으로 움직여지는 사회가 아닐까요? 어떤 개인이 그 룰과는 다른 생각을 한다면 즉각적으로 다른 외계인들에게 알려질 테니 말입니다. 그러나 거꾸로 보면, 이 사회는 소리없는 의지들 사이의 싸움터가 될 수도 있겠다는 생각도 듭니다. 다른 사람들의 생각을 읽는 것과 그 사람이 어떤 의지와 의도를 같이 하는 것은 전혀 다른 문제가 될 테니까요.

또 다른 가능성도 있을 것 같습니다. 즉, 텔레파시 소통이라는 것을 자기가 의도하는 것만 또는 의도하는 정도만 다른 사람에게 송신되고 나머지는 노출되지 않는 소통수단이라고 이해하는 것이지요. 이런 경우에는 인간의 경우처럼 개별성이 철저히 보장될 수 있을 겁니다. 우리도 와이파이에 비밀번호를 넣지 않습니까? 저는 오히려 이 가능성이 더 크다고 봅니다.

아무튼 텔레파시를 어떻게 이해하느냐에 따라 외계인 사회는 어떤 사회일까 하는 질문에 대한 답이 달라질 것 같습니다.

QUESTION **UFO 출현과 정치의 관계는 맨 처음 두 분께서 언급을 좀 해주었습니다. 그러면 UFO와 종교의 관련성은 어떻게 될까요? 현재 종교계가 UFO나 외계 지성체에 대해 취하는 입장이랄까, 혹은 외계인의 존재가 공식적으로 인정될 때 그것이 기존 종교에 미치는 영향이랄까, 이런 부분에 대해 말씀해주시지요.**

지영해 저는 기독교에 한해서만 말씀드리겠습니다. 일전에 바티칸의 한 신부가 외계인의 존재를 인정하는 발언을 하는 영상을 본 적이 있습니다. 일설에 의하면, 가톨릭 교회는 UFO와 외계인의 존재에 대해 심각하게 연구하고 있다고 하는데, 제가 바티칸 측근과 직접 얘기를 해보지 않은 이상 뭐라고 말씀드리기는 어렵습니다. 하긴 바티칸이 외계인 문제를 경솔하게 다루지는 않을 것이라는 점은 충분히 추측이 됩니다. 16세기 갈릴레이가 살던 시대에 지동설을 일축함으로써 커다란 실수를 한번 저질렀으니까 말이죠. 그리고 사실 가톨릭은 천동설을 포기한 후에도 신학적으로 유연하게 대응해 기독교의 중심 교리가 성공적으로 살아남았습니다. 그러니 많은 사람들은 이번에도 가톨릭이 큰 문제 없이 중심 교리를 확장함으로써 해결할 수 있을 것이라고 보더군요.

가톨릭은 지동설을 받아들이면서, 즉 지구가 우주의 중심이 아니라는 사실을 수용하면서 자신들의 신학을 효과적으로 변용시켰습니다. 예수의 죽음이 지구상의 인간만이 아닌 타락한 우주의 전체 질서를 다시 신의 완전한 영역으로 회복시킨다는 식의, 우주적 차원의 구원론으로 발전시킨 것이지요. 그럼으로써 지동설의 충격을 유연하게 흡수했습니다. 그 연장으로 생각해보면, 만일 외계인이 존재한다는 것이 사실로 드러난다면, 가톨릭은 이번에도 비슷한 논리로 응대해나가려고 할 것 같습니다. 즉, 외계인들도 결국 예수의 죽음으로 인해 구원을 얻은 하나의 피조물로서 파악하려고 하겠죠. 그렇다고 해서 외계인들을 인간과 동급에 올려놓을 것 같지는 않습니다. 그들이 갖고 있는 뛰어난 능력 때문에 피조물 중에서도 인간보다 위인 천사 급으로 놓지 않을까 하는 생각입니다.●

한편 개신교는 외계인과 외계 문명에 대해 좀 더 다양한 목소리를 내지 않을까 생각합니다. 우선 보수 개신교에서는 외계인을 사탄이나 악마와 같은 존재로 파악할 가능성이 있어요. 말하자면 적그리스도인 것이죠. 그 누구든 우주적 규모의 능력을 갖고 접근하는 존재는 보수적인 마인드를 가진 기독교인들에게는 그리스도의 능력에 도전하는 존재로 인식되기 쉽습니다. 그들에게 구원은 오직 그리스도의 죽음과 그 피로 인해 얻어진다는 믿음을 통해서만 이루어질 뿐이지요. 그들에게 외계인의 능력은 구원과 전혀 관계가 없는, 아니 오히려 구원을 방해하는 불결한 천사의 능력과도 비슷한 것입니다.

반면에 진보적 마인드를 가진 기독교인들은 외계인을 긍정적

● UFO 피랍 사례 중에는 외계인들이 피랍자들로 하여금 자신들을 천사 신분인 것처럼 보이도록 연출하는 경우가 있다. 그 대표적인 예로, 미국의 피랍자 베티 앤드리슨(Betty Andreasson)과 관련된 에피소드를 꼽을 수 있다. 그녀의 체험에서 이른바 '그레이'들 이외에 키가 2미터 남짓 되고 흰 피부에 금발을 한 외계인들이 등장한다. 이들은 그레이들을 지휘 · 감독하는 역할을 하는데, 베티는 그들을 '장로들(the Elders)'이라고 부른다. 이는 요한계시록에 등장하는, 신의 보좌를 둘러싼 천사들에 대한 기독교적 호칭이다. 베티가 그들을 이런 이름으로 부르는 것은 그녀의 주관적 판단 이전에 그들이 실제로 그녀의 신앙생활에 적극적으로 관여하는 듯한 행동을 보여주었기 때문이다. 맹성렬, 《과학은 없다》, 쌤앤파커스, 2012, pp.46–49 참조.

인 존재로 보고, 하나님이 창조한 세계 속에서 나름대로의 위치와 주어진 기능이 있다고 볼 수도 있어요. 좋은 천사 정도에 준하지 않을까 싶습니다. 하지만 이들이 아무리 능력이 뛰어나다 하더라도 신의 위치에 둘 수는 없어요. 가톨릭에서처럼 신과 인간을 매개하는 메신저 역할을 할 뿐이지요. 최소한 현재 우리가 갖고 있는 외계인에 대한 이미지에만 한정시킨다면, 부정적 시각이건 긍정적 시각이건 외계인의 존재는 현재 기독교 신학의 테두리 안에서 충분히 흡수될 수 있는 상황입니다.

이런 관찰을 하면서도 한 가지 중요한 단서를 달지 않을 수가 없습니다. 어쩌면 만일 실제로 외계인의 존재가 공식적으로 인정된다면, 이런 모든 교리적 준비가 다 힘도 못 쓰고 허물어질 가능성이 있다는 것이죠. 이런 모든 교리적 토의는 외계인의 존재가 드러날 때, 그 엄청난 충격과 여파를 상상하지 못하고 소파에 앉아서 편안하게 즐기는 사고의 유희에 지나지 않을 가능성이 커요. 마치 쓰나미에 대해 낭만적인 얘기를 조금 들은 청년들이 쓰나미가 오면 서핑 좀 해보겠다고 보드를 들고 해변에 앉아 기다리는 것과 비슷합니다. 기독교의 그리스도는 능력자로 인식되지만 손으로 만지거나 눈으로 볼 수 없는 존재입니다. 반면 외계인은 실제로 눈앞에 육체를 갖고 서 있는 능력자죠. 인간 누구도, 어느 국가도, 어떤 집단도, 어느 전문가집단도, 혹은 인류 전체가 어떤 상황에서도 그 힘을 능가할 수 없는 존재가 눈앞에 나타나면 지금까지의 교리적 토의는 그저 어린아이들의 언어적 유희였

어떤 상황에서도 그 힘을 능가할 수 없는 존재가 눈앞에 나타나면 지금까지의 교리적 토의는 그저 어린아이들의 언어적 유희였음이 드러날 것입니다.
앞에서 UFO 터부와 관련하여 웬트와 듀발 교수의 견해도 소개했지만, 현재의 정치적 패러다임에도 외계인과 같이 월등히 우월한 존재를 집어넣어 이해할 수 있는 준거틀은 존재하지 않습니다.

음이 드러날 것입니다.

앞에서 UFO 터부와 관련하여 웬트와 듀발 교수의 견해도 소개했지만, 현재의 정치적 패러다임에도 외계인과 같이 월등히 우월한 존재를 집어넣어 이해할 수 있는 준거틀은 존재하지 않습니다. 바로 이러한 준거틀이 없기 때문에 그 충격이 쓰나미처럼 밀려온다는 것이죠.

최소한 기독교에는 이미 이러한 틀이 있으니, 그 틀이 유연하게 외계인의 존재를 흡수할 수 있지 않겠는가 하는 반문도 있을 수 있습니다. 사실 외계인은 종교에서 묘사되는 신적 능력을 갖고 있으니, 큰 혼란 없이 천사나 신이 도래했다고 믿을 수도 있겠지요. 어쩌면 그렇게 단순하게 정리될지도 모르겠습니다. 즉, 그렇게도 오랫동안 이야기되어온 새 시대의 도래, 신의 강림, 신에 의한 세계의 통치가 현실화되는 것이죠. 하지만 인간의 본성이 이를 쉽게 받아들일지는 모르겠습니다. 이제까지 인간은 각종 형태로 신을 믿어왔지만, 신은 인간으로부터 저만치 떨어져 있어서 편한 존재였거든요. 그런데 외계인의 경우는 다릅니다. 외계인들처럼 실체를 갖고 매일매일 무서운 능력으로 인간을 감시하는 존재가 있다고 생각하면, 머리가 다 큰 인간이 숨이 막혀서 이를 쉽게 받아들일 수 있을지 의문입니다. 이는 기존 종교가 심각하게 변형되어야만 가능한 일입니다. 아니면 결국 기존 종교는 다 허물어지고 완전히 새로운 형태의 종교가 나타나거나, 심지어는 인류 역사 최초로 종교 없는 시대가 올 수도 있겠다는 생각도 듭니다. 저는 기독교 신학의 틀에서밖에는 얘기를 할 수가 없는데, 종교학을 전공한 최 교수님의 폭넓은 의견이 궁금하군요.

최준식 글쎄요, 이 부분은 어떻게 이야기해야 할지 잘 모르겠습니다. 제가 전공한 동양 종교에서는 이 외계인 문제를 언급한 적이 거의 없기 때문입니다. 불교나 힌두교에 있었던 수많은 성자나 각자覺者들이 외계인 문제에 관해 진지하게 언급한 것을 본 적이 없어 딱히 어떻다고 말할 수가 없습니다. 그냥 추정으로 말을 해보면, 인도 종교적 입장에서 볼 때 중요하게 생각할 문제는, 그들이 과연 육도윤회를 벗어났는가의 여부에 관한 것이겠지요. 윤회를 벗어났다는 것은 그들이 깨친 존재인지 아닌지와 관계됩니다. 인도 종교에서는 깨친 자만이 육도윤회에서 벗어난다고 주장하니, 이런 생각을 해볼 수 있을 것입니다.

제 개인적인 생각으로는, 인간보다 영적으로 진화하긴 했지만 외계인들을 완전히 깨친 존재로 보기는 어려울 것 같습니다. 왜냐하면 그들이 하는 일이 떳떳하지 못하기 때문입니다. 그들은 항상 비밀리에 일을 수행하고 사람들을 의사에 관계없이 납치하는 등 떳떳하지 못한 일들을 합니다. 이것은 앞에서 논의한 외계인에 대한 이야기들이 모두 사실이라는 가정하에 하는 이야기입니다. 깨친 사람들이라면 절대 이렇게 행동하지 않습니다. 그래서 굳이 불교식으로 이야기하면, 그들의 수준은 육도윤회 가운데 천상계 정도에 해당하지 않을까 싶습니다. 천상계는 육도윤회 수준 중 가장 높은 급이지요. 인간계는 천상계 바로 밑에 있고요.

그러나 이 천상계의 존재들도 윤회를 합니다.

이렇게 말은 하지만, 이런 논의는 다 부질없다는 생각입니다. 만일 실제로 외계인들이 공개적으로 나타나 우리 인간들과 교류를 시작한다면 말입니다, 그건 인류 역사 가운데 가장 큰 사건 아닐까요? 그렇게 되면 지금까지의 인류 역사는 다 무시되고 완전히 새로운 역사가 시작되지 않을까요? 정말로 외계인이 나타난다면 그때 인류가 갖고 있는 무엇이 남겠습니까? 종교고 정치고 경제고 다 완전히 새롭게 개편되지 않을까요? 그래서 외계인들의 커밍아웃 후에 어떤 변화가 있을까에 대해 논의하는 것이 부질없다는 것이지요. 아까 지 교수님이 쓰나미에 비유한 것이 백번 지당하다는 생각입니다. 교수님은 그 비유에서 우리를 어떤 청년에 비유하셨지요? 쓰나미가 오는데 그 심각성에 대해서 전혀 모르고 서핑이나 한번 해보겠다고 해변에서 기다리는 청년 말입니다. 그런데 우리는 외계인들의 커밍아웃과 관련해서 그런 여유나 낭만을 부릴 틈이 전혀 없습니다. 조금 과격한 생각인지 모르지만, 외계인이 우리 세상에 출현한다면 지금까지의 우리는 끝입니다. 우리와는 비교도 안 되게 발달된 문명이 출현하는데 우리의 이 보잘것없는 문명이 무엇을 할 수 있겠습니까?

저는 그런 의미에서 외계인들이 우리 지구인 앞에 나타나는 사건은 일어나지 않을 거라고 봅니다. 이런 일이 실제로 발생하면 너무나도 큰 격변이 일어나 외계인도, 인류도 그 여파를 감당하기 어려울 것 같습니다. 그리고 그런 일이 있을 거라면 벌써 일어났어야지 이제 와서 일어날 이유가 없지 않나 싶습니다. 지금까지 그런 일이 없었다는 것이 바로 앞으로도 일어나지 않을 거라는 것을 방증해주는 것 아닐까요? 지금까지의 인류 역사를 보면 수많은 격변기가 있었지만, 외계인의 공개 출현처럼 필설로 다 할 수 없을 만큼 엄청난 사건은 없었습니다. 아무리 큰 일이 있어도 인류 안에서 일어나는 문제라 결국은 해결이 되고 인류 역사는 그대로 진행되어왔습니다. 그런데 이 외계인 공개 출현은 전혀 다른 문제입니다. 저는 이런 일은 일어나지 않는 것이 서로에게 좋다고 생각합니다.

비유를 들어 이야기해보지요. 만일 영계의 영혼들이 어느 날 전부 공개적으로 나타나서 인간들과 소통하기 시작하면 이 사회의 질서가 어떻게 되겠습니까? 그렇게 되면 인간 사회가 돌아가지 않을 것입니다. 그런데 이 영들이 그동안 전혀 나타나지 않은 것은 아니고 개별적으로는 많이 나타났습니다. 그런 예는 수도 없이 많았지요. 그러나 이것은 개별적인 만남과 소통이라 사회의 전체 질서에는 별 위해가 되지 않았습니다. 그래서 영의 출몰 사건이 많이 있었어도 사회는 무리 없이 굴러왔습니다. 그런데 왜 영혼들은 공식적으로 이 지상에 나타나지 않는 것일까요? 그것은 육적인 인간이 사는 차원과 에너지로 존재하는 영혼이 사는 차원이 다르기 때문입니다. 차원이 다른 존재들은 서로 만나기가 쉽지 않습니다. 다른 두 차원이 섞이는 일은 여간해서는 일어나지 않습니다. 우주의 법도상 어렵다는 이야기지요. 따라서 외계인이 나타나면 어떻게 될까 하는 걱정은 기우로 그칠 가능성이 높다고 생각합니다.

QUESTION **두 교수님이 말씀한 것이 진정 사실이라면, 우리 인류는 사고의 패러다임을 바꿔야 하지 않나 하는 생각을 해봅니다. 어떻게 보십니까?**

지영해 정말 외계인들이 UFO를 타고 우리에게 오고 있느냐, 혹은 외계인이 정말 인간을 납치하여 혼혈종을 만들고 있느냐 하는 문제는 어떤 사건이 정말 일어나고 있느냐 하는 단순한 질문이 아닙니다. 이것은 세계를 보는 패러다임의 문제입니다. 패러다임은 우리가 바라보는 모든 개별적 사건을 의미 있게 만들어주는 원초적 사고의 틀입니다. 우리는 이 패러다임에 의거해, 어떤 사건이나 사물이 관심을 두거나 말할 가치가 있는지를 우선적으로 판단합니다. 그 관문을 거친 다음에야 우리는 그 개별적 사건에 대해 증거를 찾고, 추론을 하며, 그것에 대해 정말 발생하고 있다 혹은 그렇지 않다 하는 결론에 이릅니다. 현재의 과학적 패러다임은 다른 생명체들이 먼 항성에서 빛의 속도보다 더 빠른 속도로 올 수는 없다, 그러니 외계인은 존재하지 않는다고 믿습니다. 그리고 현대 과학적 패러다임이 갖는 물질론적 성향 때문에 영혼 같은 것은 존재하지 않는다고 하지요. 혹은 정신적인 힘만으로 사물을 물리적으로 움직일 수는 없다고 생각합니다. 늘 그런 식입니다.

하지만 저는 늘 사건과 사례, 경험, 증거들이 패러다임보다 우선한다고 생각해왔습니다. 특히 당시의 패러다임에는 안 맞다 하더라도 수많은 사람들이 아주 오랫동안 반복해서 어떤 특이한 사건을 경험했다든가, 어떤 특이한 사물을 목격했다고 하면, 그것은 신중하게 조사를 해봐야 합니다. 하지만 그런 사건이나 사물이 존재하지 않는다기보다는, 혹은 그런 사람들이 정신적으로 이상이 있다거나 잘못 보았다기보다는, 처음부터 그런 사건이나 사물은 발생할 수도 존재할 수도 없다고 생각하게 만드는 당시의 패러다임에 문제가 있을 가능성이 더 큽니다. 물론 사막의 신기루처럼 현상은 있지만 실체가 없는 것을 보기도 합니다. 그러나 기존의 패러다임으로 설명이 안 되는 현상들이 너무 많을 때, 또 지속적으로 반복될 때는 기존의 패러다임을 다시 살펴봐야 합니다. 패러다임은 스스로 가질 수 있는 것보다 더 많은 영향력을 행사하기 때문이지요. 특이한 개별적 사건과 경험이 패러다임에 맞지 않는다고 하여 그것을 제외시켜버리기보다는, 그러한 사건과 경험이 의미를 가질 수 있는 새로운 세계관을 형성하는 것이 옳습니다. 만일 오랜 노력과 시간을 두고도 UFO나 외계인 피랍과 같은 새로운 현상을 흡수·설명할 수 있는 패러다임이 형성되지 못한다면, 결국 그러한 현상은 실체가 없는 즉 환상적인 사건들이라고 결론 내릴 수 있겠지요. 하지만 그러한 노력도 없이 기존의 패러다임을 고집한다면 인류는 언제까지나 어두운 무지 속에 머물러 있게 될 겁니다. 이런 점에서 UFO나 외계인 피랍 사건은 기존의 패러다임을 깨고 새로운 세계관을 여는 결정적인 계기가 될 수 있습니다.

최준식 지 교수님이 말씀한, 패러다임을 바꾸는 문제는 저도 깊이 동의합니다. 그러나 몇 가지 의문이 드는 것도 사실입니다. 첫 번째 의문은, 지금이 정말로 패러다임을 바꿀 때인가 하는 것입니다. 과연 그런 변혁기인가 말이지요. 두 번째 의문은, 패러다임을 바꿔야 한다는 의견에 동의하지만, 과연 외계인들의 방문과 지구인 납치 사건이 그 단초가 될 수 있겠는가 하는 것입니다. 아시다시피 외계인들과 관계된 것들은 모두 모호합니다. 시원하게 드러난 게 하나도 없습니다. 너무 은밀하게 일어나고 있어 그 전모를 알기가 매우 힘듭니다. 그리고 외계인에 의한 피랍 사건은 말할 것도 없고 UFO의 존재 여부에 대해서도 부정적으로 생각하는 사람이 많습니다. 아니, UFO를 긍정하는 사람보다 부정하는 사람이 더 많을 것입니다. 이 사람들은 UFO 때문에 사고방식을 바꿔야 한다는 생각을 전혀 하지 않을 겁니다. 인류의 대다수가 다 이런 상태일 텐데, 어떻게 패러다임을 바꾸자고 큰 제안을 할 수 있을까요? 우리가 정말 이런 발표를 하면 외려 조롱당하지 않을까요?

서양 물리학을 보면, 고전 물리학에서 현대 물리학으로 바뀌면서 당시 굉장한 패러다임 변화가 있었습니다. 이것이 가능할 수 있었던 것은 현대 물리학자들이 확실한 증거자료를 제공했기 때문입니다. 그리고 그것은 실험으로 누구나 할 수 있는 것이었습니다. 그 때문에 다른 학자들도 그것을 따랐지요. 그에 비해 UFO와 관련된 제반 사건은 강력한 증거가 부족합니다. 그리고 종교적인 것 등의 다른 주제들과 섞여 나타나는 일이 많아서 그 정체를 알기가 힘듭니다. 이런 주밀하지 못한 자료를 가지고 패러다임을 바꾸자고 하면 과연 누가 따라올까요? 제 개인적인 생각으로는, 우리가 너무 UFO 문제를 중시해 모든 것을 이 눈으로 보는 건 아닌지 모르겠습니다.

지영해 최 교수님 말씀을 듣고 보니 일리가 있군요. UFO와 피랍 사건 등 문제가 발생하고 있으니 우리가 현재 갖고 있는 과학적 세계관을 바꾸자고 하면, 외계인의 존재를 믿지 않는 사람이 대다수인 상황에서 소귀에 경 읽기가 되겠죠. 패러다임의 변화는 과학적 세계관의 근본적인 변화가 있어야만 가능한 것인데, 과학자들이 우선 UFO나 외계인을 믿지 않으니 그런 변화는 기대하기 힘들 것 같습니다. 하지만 패러다임의 변화, 즉 우리가 세계를 인식하는 방식의 변화는 꼭 과학자들이 견지하는 이론의 변화를 통해서만 나타나는 것은 아니라고 생각합니다. 이제까지는 그래왔지만, 지금부터는 세계관의 변화가 조용한 사고와 이론의 변화보다는 '현상적 압도성phenomenal surge'에 의해 이루어질 것이라고 봅니다. 다시 말씀드리면, UFO나 피랍 사건처럼, 어떤 이해할 수 없는 현상이 지속적으로 또 압도적으로 일반인들의 관심을 건드리면 과학계는 할 수 없이 이들을 설명하거나 또는 문제 해결책을 제공하기 위해 움직이고 또 필연적으로 변화하게 된다는 것이죠.

현상적 압도성은 이미 문명적 패러다임 영역에서 두드러지게 나타나고 있습니다. 핵 문제와 환경 문제는 시장자본주의, 민주주의, 민족국가 체제 등 글로벌 정치 · 경제 질서를 이루는 세 개의 축에 심각한 한계가 있음을 여실히 드러내고 있습니다. 또 현대 문명을 대치할 문명적 패러다임을 찾지 않으면 인류는 곧 파멸에 이를 것이라는 인식이 선진국 엘리트들을 중심으로 퍼져가고 있는 상태입니다. 바로 이런 상황에서 일반인들의 관심을 끄는 UFO 출몰 현상이 현 세계의 정치 · 경제 체제가 직면한 위기와 관련이 있다는 것을 보여주면, 기존의 패러다임을 넘어서는 데 큰 촉진제 역할을 할 것으로 생각됩니다. 다시 말씀드리면, 외계인이 개입해야 할 정도로 인류 문명은 심각한 위기에 직면했다는 것이지요. 문명이 직면한 위기는 일반인들에게도 설득력이 있는 이야기입니다. 사람들이 현대 문명이 직면한 위기를 심각하게 인식했을 때, 그리고 UFO의 출현이 그와 깊은 연관이 있음을 보게 될 때, 그리하여 사람들이 자신들이 살아가는 이 세상에 대해 더 큰 그림을 그릴 수 있게 될 때, 과학계도 결국 그런 그림에 걸맞은 세계관을 그려낼 수밖에 없겠지요. 그런 면에서 UFO와 외계인 문제는 인류가 기존의 패러다임을 넘어 새로운 패러다임으로 가는 데 중요한 역할을 할 수 있다고 봅니다.

최준식
×
지영해
×
×
×
×
×
×
×
×
×
×
×

outro.

대담을 마치며, 앞으로 어떻게 해야 하는가?

QUESTION **외계인 문제와 관련해 한국이 정부 차원에서 해야 할 일이 있다면 무엇일까요?**

지영해 서구의 각국 정부는 지금까지 공식 혹은 비공식적인 차원에서 UFO 문제를 정부 혹은 준정부 차원에서 들여다보았습니다. 미국에서는 공군을 중심으로 1947~1969년 세 가지 프로젝트, 즉 사인Sign, 1947~1949, 그러지Grudge, 1949~1952, 블루북Bluebook, 1952~1969을 통해 연속적으로 이 문제를 파헤쳤지요. 영국에서는 앞에서 말씀드린 대로 아예 국방부를 중심으로 1996~2000년 컨다인 프로젝트를 통해 UFO 문제를 심각하게 들여다봤습니다. 프랑스에서도 같은 시기에 우리 식으로 말하면 한국국방연구원에 해당하는 정부 출연 연구기관인 고등국방연구원IHEDN, Institut des Hautes Études de Défense Nationale에서 이 문제를 파헤쳤습니다.*

약간 여담이지만 그들이 내린 공식적인 결론이 아주 재미있어요. 미국의 공식적인 입장은 UFO는 허상이고 들여다볼 가치가 없다는 것이었습니다. 영국의 입장은 제가 앞에서 자세히 말씀드렸는데, 아주 복잡미묘하지요. UFO는 자연현상이다, 그러나 아직 우리가 알 수 없는 지성적 요소가 있고, 우리의 이익을 위해 그 기술적인 측면은 계속 연구해 이용할 가치가 있다는 것이었지요. 프랑스의 경우는 아예 외계 지성체의 존재 가능성을 열어놓고 국가 방어상 필요한 부분 등 다방면에서 심도 있는 연구가 필요함을 지적했습니다.

미국의 경우, 비록 그들이 UFO에 대해 공식적으로는 부정적인 결론을 내렸지만, 사실 스토리가 복잡합니다. 위에서 언급한 세 가지 프로젝트에서 핵심 자문위원 역할을 했던 노스웨스턴대학의 천체물리학 교수 앨런 하이넥은 미 정부가 UFO에 대해 부정적인 결론을 유도하는 데 크게 반발했지요. 그는 프로젝트에

● 이 기관은 프랑스 국립우주연구센터(CNES) 산하의 국책 연구기관으로, 공식적으로는 UFO에 대한 보고서를 작성하지 않았다. 하지만 1999년에 이 기관의 전현직 감사관들이 '심층연구위원회(COMETA)'를 결성해서 〈UFO와 국방: 우리가 어떤 대책을 마련해야 하나?〉라는 보고서를 작성해 당시 대통령이었던 자크 시라크에게 전달했다. 이 보고서는 UFO의 제반 특성 분석과 이를 토대로 UFO 외계 기원 가능성을 검토하고 있다. 결론부에서는 UFO의 외계 기원설이 확인될 경우 초래될 사회적·정치적·종교적 파장에 대해 논의한다. 이 보고서에는 UFO가 핵기지 주변을 감시하는 듯한 행동 특성을 보인다는 점에서, 그들이 지구를 핵 파멸로부터 지키려 하는 것이 아니냐는 주장이 제기되었다. 또 UFO가 물리적으로 실재하며 지능적 존재들이 조종하는 것이 '어느 정도 확실하다(quasi-certain)'고 하면서 현재 확보된 데이터로 고려할 수 있는 거의 유일한 가설은 'UFO 외계 가설'이라고 결론짓고 있다. COMETA, UFO and Defence: What Should We Prepare for? 참조. http://www.ufoevidence.org/newsite/files/COMETA_part1.pdf

가담하기 전에는 UFO의 외계 연관설을 믿지 않았지만, 세 개의 프로젝트를 거치면서 UFO의 실체를 확신하게 되었고, 그로부터 미 정부의 입장과 다른 노선을 걷게 되었습니다.

한국은 아직 정부 차원에서 이 문제를 파헤친 일은 없는 것으로 압니다. 우리가 말하는 소위 선진국에서는 이 문제를 이미 60여 년 전부터 파헤치고 있었는데 말이죠. 그럼 한국에서는 UFO의 존재 여부에 대한 관심이나 논의가 없었는가 하면, 전혀 그렇지 않습니다. 최 교수님도 말씀했듯이, 임병선 예비역 공군 소장이 현역 시절 비행 중 근거리에서 UFO를 목격한 적이 있었지요. 저도 2014년 9월 UFO의 출몰 현장 조사차 안동 지역에 내려갔습니다. 거기서 UFO를 근거리에서 목격한 대학교수를 포함 다섯 분을 만나서 자세한 설명을 들었습니다. 또 가수 남궁옥분 씨도 만나 자신이 1980년대 평택 근교에서 본 UFO에 대해서도 설명을 들었습니다. 이분들 모두 아주 신빙성 높은 UFO 조우 케이스였습니다. 이 외에도 한국에는 이제까지 무수히 많은 UFO 목격 사건이 있어왔습니다.

문제는 한국 정부가 이런 것들을 그저 유령 이야기 정도로 취급하고 무시해왔다는 것입니다. 그렇지만 만일 조그마한 드론drone이 날아다니는 것을 보았다고 하면 정부에서는 영공 방어를 이유로 심각하게 이 문제를 들여다보겠죠. 그런 일이 2014년에 실제로 있지 않았습니까? 그런데 이보다 더 기술적으로 앞선 알 수 없는 괴비행체가 작전 중인 전투기 앞을 조롱하듯이 왔다갔다 하고, 일반 시민들이 보는 앞에서 정지해 있다가 날아가고 하는데, 이에 대해서는 국가 안보상의 논리를 적용시키지 않습니다. 이것은 사실상 한국 정부와 공군이 국가 영공을 방어하는 책임을 지는 공식기관으로서 제 역할을 다하지 못하고 배임 행위를 하고 있는 것이지요. 이는 심각한 위법 행위입니다.

물론 저는 UFO 문제를 각국 정부가 각자 알아서 처리해야 한다고는 생각하지 않습니다. 사실은 그 반대입니다. 현재 몇몇 정부가 UFO를 연구해서 뭔가 혁신적인 군사기술을 개발할 수 있지 않을까 하는 편협적인 입장을 취하고 있는데, 정말 헛웃음이 나올 일이지요. UFO는 인류 보편적인 위협이 될 수도 있고, 인류 보편적인 도약의 기회도 될 수 있어요. 어느 쪽이 되건 이것은 인류 전체가 직면한 문제이고, 따라서 다른 나라들과 같이 협력하면서 유엔을 중심으로 심각하게 다루어야 할 글로벌 이슈입니다. 하지만 한국 정부는 다른 나라와의 협력은 고사하고 한국 내에서도 정책적 차원에서 아무것도 하지 않고 있어요. 현재 미국의 UFO 연구가들은 어떤 방식으로든 어느 날 외계인의 존재가 알려질 것에 대비해 정부로 하여금 미리 준비하도록 압력을 넣고 있습니다. 소위 디스클로저 시나리오Disclosure scenario●를 가상

● 원래 경제 용어로 기업이 재무 내용을 공개하는 일에 대한 계획안을 의미하지만, UFO와 관련해서는 각국 정부들이 국민들이 크게 동요하지 않는 선에서 UFO와 외계인에 대한 진실을 공개하는 과정에 대한 예상 계획안을 의미한다. UFO Alien Disclosure Scenario–The John Lear Disclosure. https://www.youtube.com/watch?v=J3ZBG_AYups

하고 정부가 해야 할 것들을 하나하나 준비해나가도록 하는 것이죠.

어떤 순간에 국가와 사회가 극도의 혼란에 빠지는 것을 방지하고 질서를 유지하는 것이 국가의 기본 임무입니다. 이런 점에서 한국 정부는 준비가 하나도 안 된 상태지요. 디스클로저와 같은 글로벌 사태가 발생하면 어떤 일이 일어날지 정말 걱정스럽습니다.

물론 현 단계에서 한국 정부가 미국이나 영국처럼 직접 나서서 무엇인가를 하라는 것은 아닙니다. 하지만 UFO와 외계인 문제를 제대로 연구할 수 있도록 관심을 갖고 재정 지원을 한다거나, 민간 외계인 연구가들에게 체계적인 정보 수집 및 제공 서비스를 하는 것은 정부가 현재로도 충분히 할 수 있는 일들입니다. 영국 정부가 1980년대 국방부에 UFO 문제를 담당하는 전문 부서를 두었던 것처럼 말이지요. 혹은 한국국방연구원과 같은 정부 출연 연구소에 외계 군사와 관련 국방 및 해외 협력 문제를 담당하는 부서를 조그맣게나마 두는 것도 한 방법입니다. 그러면 이쪽에 관심과 능력이 있는 전문가들과 연계해 과학적이고 심도 있는 연구가 진행될 수 있을 것입니다.

최준식 그 말씀을 듣고 즉시로 드는 생각은 '지 교수님은 꿈도 참 야무지다'는 것입니다. 한국 정부가 UFO에 대해 관심을 갖는 그런 일은 언감생심 벌어지지 않을 겁니다. 한국 정부는 아직 UFO에까지 관심을 가질 여유가 없습니다. 경제 문제부터 시작해서

북핵 문제 등 사회 문제가 산적해 있는데 무슨 UFO입니까? 지금 한국 사회는 무상급식 같은 일차원적인 문제를 가지고 공방하는 수준에 있습니다. UFO 문제처럼 초세간적인 데에 관심을 가질 만한 수준이 못 됩니다. 글쎄요, 우리도 국민소득이 4~5만 달러가 되면 UFO에 관심을 가질지 모르지요.

지영해 제 꿈이 좀 야무진 것은 사실입니다. (웃음) 하지만 현실은 꿈을 꾸기 시작하면서 바뀌는 것 아니겠습니까? 사실 한국 정부가 UFO 연구를 위해 재정을 쓰는 것은 쉽게 생각할 수 없습니다. 정치 · 사회 · 경제적으로 해결해야 할 문제들이 산적해 있기 때문이죠. 그럼에도 불구하고, 한국 정부가 다른 나라보다 좀 더 전향적인 태도를 취할 수도 있다는 꿈은 버리지 않고 있어요.

사실 저는 UFO 연구와 관련해 더 큰 꿈을 꾸고 있습니다. 어느 날인가 큰 비전을 갖고 있는 개인 독지가가 나와 외계 지성체 연구를 전폭 지원해주는 꿈이지요. 외계 지성체 문제로 인해 인류 역사는 가장 중요한 순간에 와 있고, 역사의 수레바퀴가 완전히 다른 차원에서 굴러갈 수 있는 계기가 될 수도 있습니다. 이 역사의 수레바퀴를 굴리는 데 전폭적으로 참여할 독지가가 조만간 나올 거라고 확신합니다. 미국에서는 하버드대학의 존 맥 교수가 외계인 피랍 문제를 파고들었을 때, 록펠러재단에서 전폭적으로 지원해 연구소까지 차려지지 않았습니까? 미국에서 가능했다면 한국에서는 더욱더 가능한 일이지요. 그리고 사실 많은 돈이 드는 문제도 아니에요. 저는 외계 지성체 연구를 포함해 새로운 세계관을 여는 연구소가 곧 한국에서 시작될 것이라는 확신을 갖고 있습니다.

QUESTION **마지막으로 하실 말씀이 있다면?**

지영해 저는 이 대화 내내 일관되게 견지한 입장이 있습니다. 외계인들은 인간 세상에서 멀리 떨어져 사는 어떤 추상적·영적·신적인 존재가 아니라는 것입니다. 문자 그대로 바로 우리 옆에서 우리와 비슷한 몸을 갖고 사는 생물체라는 것이지요. 그래서 우리 세상에서 일어나는 일을 그날그날 모니터할 수 있고, 필요하면 우리 쪽으로 넘어와 자기들이 원하는 일을 할 수도 있는 존재입니다. 물론 이들은 우리가 상상할 수 없을 정도로 앞선 문명을 갖고 있는 것이 확실합니다. 그렇지만 이들도 바다의 물고기나 육지의 인간과 같이, 같은 광역생명진화권에 묶여 있는 존재들입니다. 또 그런 점에서 나름대로의 생물학적 한계를 갖고 있고, 광역생명진화권의 같은 생존 조건 속에서 살아가야 하는 존재들이지요.

20세기 중반 들어 이들의 활동이 눈에 띄게 늘어난 것은 놀랄 만한 일이 아닙니다. 20세기 중반이야말로 인류의 운명을 결정지을 수 있는 두 가지 사건, 즉 핵무기가 등장하고 환경 파괴가 시작되었기 때문입니다. 이들도 이 두 사건의 영향을 받는 한, 가만히 그들의 영역에 앉아 바라볼 수만은 없었겠지요. 물론 이는 그들 영역에서 전쟁과 같은 재난이 발생하면 우리 영역으로 쏟아져내릴 수도 있다는 의미이기도 합니다. 이건 우리에게 있어서 청천 하늘에서 벽력이 쏟아지는 것과 같습니다. 마치 태평양 비키니섬에서 인간이 만든 수소폭탄을 실험했을 때, 당시 물속의 물고기와 다른 바다 생명체들 수천억 마리가 이유도 모른 채 순식간에 몰살당한 것과 같은 것이죠. 이것이 오랫동안 전설과 신화로 전해내려온 '신들의 전쟁'이 갖는 무시무시한 의미이기도 합니다. 이 말은 우리도 외계인들에게 책임이 있지만, 그들도 우리에게 심각한 책임이 있다는 뜻입니다.

외계인을 포함해 광역생명진화권 안에 사는 모든 종들은 다른 종에 대해 심각한 책임을 갖고 있습니다. 특히 인간이나 외계인 같이 발전된 문명을 갖고 있는 존재일수록 더욱 그렇지요. 인간은 환경 파괴를 통해 식물을 목말라 죽게 하고, 대규모 상업화를 통해 동물을 살해하고, 독극물을 땅과 강과 바다에 주입함으로써 이미 그 책임을 버렸어요. 식물과 동물들의 영역에서 보면 청천벽력과 같은 재난이 쏟아져내려간 것이고, 그들은 이유도 모른 채 하루아침에 몰살을 당하고 있는 것이죠. 이제 막대한 탄소 배출로 지구온난화를 야기함으로써 다른 동물들뿐만이 아니라 인간 자신을 포함한 이 지구상의 모든 생명체의 목숨도 위협하는 상황에 이르렀습니다. '미쳤다'는 단어 외에는 이를 표현할 길이 없습니다. 이젠 '미친 짓'을 멈추고 지금이라도 늦지 않았으니, 총체적 군축을 통해 대량살상무기를 폐기하고 지구온난화의 가

속화를 막기 위해 전력을 다해야 합니다. UFO와 외계인 피랍 문제는 외계인의 문제가 아니고 바로 인간의 문제이며 인류 종말의 문제입니다.

최준식 UFO 문제는 단순히 외계인이 지구를 방문하고 우리를 납치해 생체실험을 하는 데서 끝나는 것이 아니라, 바로 우리의 문제이자 이 인류 문명의 종말에 관한 것이라는 말씀에 깊이 공감이 됩니다. 그런데 그것과 함께 말씀한 제안은 그다지 현실성이 없어 보입니다. 무슨 제안이냐고요? 총체적 군축이나 환경 문제를 해결하기 위해 노력하자는 제안 말입니다. 저는 인류가 이 두 가지 사안을 현명하게 풀 거라고 생각하지 않습니다. 그러니까 핵을 폐기하고 지구온난화를 막기 위해 인류가 하는 작업은 모두 수포로 돌아갈 것이라는 얘기지요. 지금 인류가 하는 꼴을 봐서는 그렇게 생각할 수밖에 없습니다. 이에 관해서는 지 교수님이 벌써 명쾌하게 정리해주지 않았습니까? 지금 우리 사회를 버티고 있는 체제를 무너뜨리기 전에는 이 문제가 풀리지 않을 거라고 말입니다.

그래서 저는 현실의 문제를 직시해서 우리 인류가 망하는 것을 기정사실화하고 그 생각 아래 무엇을 할 수 있을지 생각해보자는 제안을 합니다. 그러니까 섣불리 근거 없는 희망을 갖지 말자는 거지요. 이 문제를 해결하려는 어떤 노력도 성공하지 못한다는 가정 아래 그다음에 우리가 무엇을 할 수 있을지 생각해보아야 한다는 것입니다. 우리 인류는 완전한 절망에 떨어져야 합니다. 그래야 살아남을 수 있는 희망이 조금 있습니다. 그것도 아주 조금 있습니다. 이렇게 보면, 우리가 할 일은 군축이나 온난화 방지를 위한 노력이 아니라 오히려 사람들을 절망의 나락에 빠지게 하는 것이 아닌가 하는 생각도 드네요. 인류에게 같이 노력해보자고 제안하는 것이 아니라, 모든 것이 다 늦었으니 아무 희망도 갖지 말고 절망을 직시하자고 말입니다. 이런 방법만이 통할 정도로 지금 인류의 문제는 심각합니다. 이렇게 하지 않고는 인류는 절대로 지금과 같은 미친 짓을 멈추지 않을 겁니다.

최준식
×
지영해
×
×
×
×
×
×
×
×
×
×
×

후기

사건과 사례, 경험과 증거가 가리키고 있는 것

영화를 종합예술이라고 한다면, 외계인 문제를 파헤치는 작업은 종합적 학문이다. 외계인 문제를 파헤치기 위해서는 인류가 이제까지 발전시켜온 모든 영역의 학문적 지식을 총체적으로 활용해야 한다. 하지만 솔직히 말하자면, 모든 학문적 지식을 다 동원해도 그 실체를 밝히기 힘들 것이라고 느낄 때가 더 많다.

인간의 학문은 인간과 자연, 우주를 대상으로 발전되어온 관찰의 방법론이며 사유의 체계다. 외계인의 행태와 사고는 인간과 자연, 우주로 형성된 현재의 시공간에 근거를 두고 있지 않다. 외계인은 우리가 알 수 없는 전혀 다른 시공간에서 오며, 따라서 우리에게 익숙한 이론과 논리는 UFO와 피랍 사건 등 외계인 출현을 설명하기에 역부족이다. 완전히 다른 지적 패러다임이 형성되지 않으면 이해할 수 없는 현상이다. 그렇지만 완전히 다른 지적 패러다임은 우리가 설명하려고 하는 새로운 현상에 대해 충분한 경험과 지식이 있어야 형성되는 것이다. 그리고 그 경험과 지식은 현재의 패러다임에서 해석되고 도출된 것이 아닌, 그 새로운 패러다임을 준거틀로 해서 재해석된 경험과 지식이다. 하지만 새로운 패러다임이 형성되지 않은 상태에서 이런 경험과 지식을 재해석한다는 것은 충분히 이루어질 수 없는 일이다.

외계인에 대한 지식과 패러다임은 이와 같이 알이 먼저냐, 닭이 먼저냐 하는 딜레마에 빠져 있고, 따라서 외계인에 대해 참다운 지식을 확보한다는 것은 현재로서는 거의 불가능해 보인다. 이럴 때 제일 쉬운 길은 외계 문명 현상을 하나의 환상으로 치부해버리는 것이다. 이것이 대부분의 사람들이 선택하는 길이다.

*

그럼에도 불구하고 우리는 외계인 문제를 죽음과 삶의 문제만큼이나 심각하게 취급해야 한다. 외계인의 출현은 인류와 인류 문명이 걸어온 길과 앞으로 걸어갈 방향을 깨닫게 해준다. 이제까지 인류는 자기 스스로를 정확하게 바라볼 수 있는 거울이 없었다. 인류는 늘 하등 동물만 보고 살았다. 희뿌연 거울에 매일 얼굴을 비춰본 셈이다. 당연히 그 뿌옇고 일그러진 거울에 비친 인간의 모습은 존엄하고 찬란한 지존의 모습이었다. 자기가 이 세상에서 그리고 이 우주에서 유일한 지성적 존재라고 생각하는 인류는 자기 안에서 찬란한 지존의 모습만을 볼 수밖에 없다. 그런 존재는 그 정점에 자기만 있기 때문에 자기의 기원과 능력과 궁극적 도착점을 상대화할 수 있는 능력이 없고, 그런 상황에서는 자신의 행위가 무엇을 의미하며 자신의 존재에 어떤 영향을 미치는지도 의식하지 못한다. 인류가 지난 수천 년간 걸어온 폭력과 소비의 역사가 바로 그러했다. 그러고도 그 역사의 방향성에 문제가 있음을 인식하지 못한다.

본문의 후반부에서도 다룬 것처럼, 외계인의 출현은 이제까지 인류가 걸어온 길이 파멸의 길이었음을 인류에게 보여주는 것이다. 그들의 출현으로 인류 역사상 처음으로 인류는 자기 자신을 상대화해 볼 수 있는 계기를 맞이한 것이다. 이는 인류에게 새로운 역사가 시작된다는 뜻이다. 그리고 그 새로운 역사의 도래는 국가나 사회 같은 집단적 단위뿐만이 아니라 이 글을 읽는 독자 개개인의 삶에도 혁명적인 변화를 가져올 수 있는 대반전의 사건이 될 것이다.

*

외계 지성체의 지구 방문 사실을 놓고 미국의 UFO 전문가들은 두 차례에 걸쳐 공식적인 기자회견을 갖고, 미국 정부가 국민들에게 그동안 감춰왔던 사실을 공개하도록 압박했다. 이른바 '디스클로저 프로젝트'다. 첫 번째로 2001년 5월 스티븐 그리어Steven Greer*의 주도하에 20명 이상의 과학자, 전직 군인, 전직 정부 관료, 기업체 직원들이 워싱턴의 내셔널프레스클럽에서

UFO와 외계인의 존재에 대해 대규모 증언을 했다. 두 번째로는 2013년 4월과 5월, 스티븐 바세트Stephen Bassett가 이끄는 패러다임 리서치 그룹Paradigm Research Group★이 주축이 되어, 마찬가지로 내셔널프레스클럽을 빌려 전직 상하원 의원들을 대상으로 그동안 UFO와 외계 지성체를 연구해온 전문가들로 하여금 증언을 하게 했다. 비교적 공식적인 모양새를 띤 이 모임들을 보고, 어떤 사람들은 곧 외계인의 지구 방문이 공식적으로 확인될 것이라고 믿기도 한다.

하지만 나는 이러한 프로젝트가 가져오는 효과는 미미할 것이라고 판단한다. 첫 번째 증언이 이루어진 지 어언 14년이나 흘렀

● 은퇴한 의사 출신의 UFO 연구자. 외계지성체연구센터(Center for the Study of Extraterrestrial Intelligence, CSETI)와 디스클로저 프로젝트를 창시했다. 2013년에 그의 UFO와 외계인 관련 활동 및 외계인과 미국 정부의 관련 정보 통제에 대한 다큐멘터리영화 〈시리우스*Sirius*〉를 공동 제작했다. 이 영화에서 그는 외계 생명체의 존재에 대한 결정적 증거로 15센티미터 정도 되는 외계 생명체의 해골을 집중 조명했으나, 남미 출생의 어린아이 해골일 가능성이 제기되었다.

★ 1996년부터 사회활동가인 스티븐 바세트에 의해 주도된 조직으로, 인류에게 외계인이 끼치는 영향에 대한 미국 정부의 비밀을 폭로하기 위해 정치 및 사회·언론 활동을 하고 있다. 1995년 존 맥 교수에 의해 창설된 PEER에서 연수를 받은 바세트는 외계인 문제의 심각성을 널리 알리고 관련 비밀을 파헤쳐야 한다는 필요성을 깨닫고 여러 UFO 관련 조직들을 돕기 위해 이 그룹을 출범시켰다. 1997년 스티븐 그리어에 의해 주도되어 워싱턴에서 개최된, 언론 및 의회를 상대로 한 브리핑에 참석했던 바세트는 그 후 2001년의 '디스클로저 프로젝트'를 후원했다. 2013년 패러다임리서치그룹은 워싱턴의 내셔널프레스클럽에서 닷새에 걸쳐 전세계 10여 개국에서 온 관련 연구자들과 군 및 정보 관계자들 42명으로부터 UFO와 외계인들에 관한 증언을 청취하는 '시민폭로청문회(Citizen Hearing on Disclosure)'를 개최했다. http://www.paradigmresearchgroup.org/stephenbassett.html

지만, 지금까지 미국 사회나 전세계 미디어가 외계인 문제를 바라보는 시각에는 전혀 변화가 없다. 아무리 신뢰할 만한 지위나 경력을 가진 사람이 외계인의 존재를 증언한다고 해도, 외계인 자신들이 신뢰할 만한 증거를 남기지 않는 한 외계인의 존재를 증명할 수 있는 방법은 궁극적으로 없다는 생각이 든다. 이 글을 읽은 독자들은 외계인들이 그러한 신뢰할 만한 증거를 남겼다고 보는가? 판단은 독자 자신이 내릴 수밖에 없다.

이 책에서 우리가 주장하려 한 것은 이제까지 그들은 그들의 존재에 대해 완전히 신뢰할 만한 뚜렷한 증거를 남기지는 않았지만, 이제까지 이루어진 UFO 목격과 실제 외계인들과 조우한 사람들의 증언을 보면, 그들의 존재와 방문 목적에 대해 어느 정도 상황적 증거 정도는 유추해낼 수 있다는 것이었다.

하지만 이것이 우리가 기대할 수 있는 최선일지도 모른다. 어쩌면 인류는 그들의 존재를 영원히 인식하지 못할지도 모른다. 본문 중간중간에서 상정했듯이, 외계인들이 대체 인류 생산을 목표로 혼혈종을 산출하고 있다면, 그리고 그들이 우리 사회에 비밀리에 퍼져나가고 있다면, 이제까지 인류가 보여준 반응을 보았을 때 기존의 인류가 또 다른 종의 인류에 의해서 대체되고 있다는 사실을 알아차리기는 힘들 것이다. 마치 재래 옥수수들이 그들도 모르는 사이에 인간에 의해 좀 더 병충해에 강하고 생산성이 높은 GM옥수수로 대체된 것처럼 말이다.

정말 전세계에 몇 안 되는 극소수의 연구가들이 인류의 발전 과정에 이상징후가 탐지된다고 말한들, 인류의 대다수가 그들이 제시한 증거를 심각하게 받아들이지 않는 한, 연구가들은 한낱 환각증세에 시달리는 몽유병 환자에 불과할 것이다. 우리가 호모 사피엔스라 부르는 현존 인류는 외계인들이 지켜보는 가운데 조용히 사라지고, 그들이 의도하고 생산한 신인류가 일어나 또 한동안 이 땅에 거주할 것이다.

나는 여기서 이들을 그저 단순히 '보는 자들the Seers'● 이라고 명명하고 싶다. 우리가 지구생명권을 점하고 살아가는 동안, 이들 '보는 자들'은 베일 뒤에서 우리를 조용히 관찰해왔으며, 또 앞으로도 수천수만 년을 그렇게 할 것이다. 그리고 이들은 필요하다고 생각되면, 생명 현상의 근저에 있는 유전자의 통제를 통해 지구생명권 안에서 살아가는 생물의 종들을 그들이 원하는 대로 바꿔나갈 수 있는 능력이 있다. 이들이 현재 이 시점에 그런 능력을 사용해 인류를 포함한 종들의 생물학적 진화 과정에 깊이 개입하고 있는지는 알 수 없다. 그러나 만일 그렇다면, 이 지구상의 종들은 자신들에게 무슨 일이 일어나는지도 감지하지 못한 채 사라져가거나 조용히 다른 유사종으로 대체될 것이다.

● 외계인들을 '관찰자들(the Watchers)'이라고 표현하는 외계인 연구자들도 있다. 그들은 외계인들이 오랫동안 지켜봐왔다는 맥락에서는 같지만 보다 종교적인 연관성을 강조한다. 관찰자들은 지구의 수호자들로, 최초의 인류 역사가 시작될 때부터 우리 주변에 존재해왔으며, 여러 종교 현상에 관여해왔다고 한다. 미국의 UFO 연구자 레이먼드 파울러(Raymond Fowler)가 베티 앤드리슨 피랍 사건을 다룬 책 제목에 이 용어를 사용했다. Raymond Fowler, *The Watchers*, Bantam(1991) 참조.

*

우리 대화의 마지막에 최준식 교수는 우리 두 집필자가 할 일은 인류를 완전한 절망의 나락에 빠지게 하는 것이라고 이야기했다. 몇몇 독자들은 '좀 많이 나간' 발언이라고 생각할지도 모르겠다. 나는 아직 인류에 대해 마음 한구석 희망을 놓지 않고 있지만, 이런 극단적인 표현을 쓰지 않으면 안 되었던 최 교수의 심정을 충분히 이해한다. 완전한 절망으로 떨어지는 것! 역설적으로 들리겠지만, 정말 커다란 희망은 완전한 절망에서만 피어날 수 있기 때문이다. 동양의 태극사상에도 그런 것이 있지 않은가? 겨울이 그 극에 달했을 때, 여름은 이미 우주의 저 반대편에서 시작된다. 그런 점에서 절망은 완전한 어둠이면서도, 그 안에 큰 빛을 배태한 창조적 절망이다. 외계인의 출현은 인류에게는 완전한 절망을 상징할지도 모른다. 그러나 다른 한편으로 그것은 하나의 새로운 역사의 시작이다.

*

우리의 의식 밖에 형성되어, 혹은 우리의 의식과 맞물려 상호작용하면서 우리의 존재를 가능하게 해주는 이 시공간 우주가 어떻게 형성되어 있는지는 모른다. 우주의 진정한 모습이 어떤지는 영원한 수수께끼로 남겠지만, 궁극적으로 나는 우주는 생명의 배태와 성장을 위해 존재한다고 믿는다. 마치 끝이 없는 생명의 바다라고나 할까? 우주는 자기 자신의 영광스러운 모습을 보아 줄 깨어 있는 의식을 필요로 하며, 그 의식을 그 안에 생명의 형태로 스스로 배태한다. 그래서 나는 최 교수와 지난 수개월간 각고의 노력을 다해 써온 이 책의 마지막을 이런 표현으로 갈무리하고 싶다.

미스터리로 가득 찬 이 우주 안에 생명은 끊임없이 일어나 경이 속에 우주를 바라보고 영원히 그 아름다움에 경탄하며 찬미하리라.

지영해 씀